THE KNOWLEDGE ILLUSION

知识的错觉

为什么我们从未独立思考

[美] 史蒂文·斯洛曼
（Steven Sloman）
[美] 菲利普·费恩巴赫
（Philip Fernbach）著
祝常悦 译

中信出版集团·北京

图书在版编目（CIP）数据

知识的错觉 /（美）史蒂文·斯洛曼，（美）菲利普·费恩巴赫著；祝常悦译 . -- 北京：中信出版社，2018.1（2025.7 重印）

书名原文：The Knowledge Illusion：Why We Never Think Alone

ISBN 978-7-5086-8250-1

I. ①知… II. ①史… ②菲… ③祝… III. ①认知心理学 IV. ① B842.1

中国版本图书馆 CIP 数据核字（2017）第 257725 号

知识的错觉

著　　者：[美]史蒂文·斯洛曼 [美]菲利普·费恩巴赫
译　　者：祝常悦
出版发行：中信出版集团股份有限公司
（北京市朝阳区东三环北路 27 号嘉铭中心　邮编　100020）
承 印 者：河北鹏润印刷有限公司

开　　本：880mm×1230mm　1/32　　印　　张：10.5　　字　　数：185 千字
版　　次：2018 年 1 月第 1 版　　印　　次：2025 年 7 月第 14 次印刷
京权图字：01–2017–3493
书　　号：ISBN 978-7-5086-8250-1
定　　价：49.00 元

目录

推荐序

无知怎么破解？没人知道

在《知识的错觉》一书中，认知学者史蒂文·斯洛曼和菲利普·费恩巴赫又毫不客气地为个人理性的棺材板狠狠地钉上了一颗铆钉。在17—20世纪的400年间，西方哲学相信人人都能独立思考，将个人理性奉为圭臬，并把这些视为现代社会的基石。民主制度建立在选民无所不知无所不晓的基础上，自由市场经济笃信消费者永远明智，现代教育试图教会学生们独立思考。

过去的几十年以来，这种理想化的个人理性备受各方抨击。后殖民主义者和女权主义者认为它不过是西方沙文主义的幻想，用以美化白人男性的无上权力和荣光。但行为经济学家和进化心理学家的论证已表明，人类的大多数决策都不过是情绪使然和拇指法则的产物，而非来自理性的分析，我们的这种情绪与经验或许更适合因应石器时代的非洲大草原，而对电子时代的都市丛林望尘莫及。

斯洛曼和费恩巴赫要讨论的远不止于此，他们指出，别提理性思考了，个体的思考能力这个说法本身也有待商榷。人类鲜有独立思考的时候。相反地，我们会采取群体思考的方式。正如族人共同养育后代，发明工具、化解纷争、治愈疾病也都需要群策群力。没有人能凭一己之力盖出一座教堂、造出一颗原子弹或一架飞机。让智人从众生当中脱颖而出，称霸地球的并非我们的个人理性，而是那无与伦比的群体思考力。

正如作者在那些趣味盎然却又发人深省的篇章中向我们展现的那样，人类个体对这世界的了解少得可怜，而且随着历史的车轮滚滚向前，这一了解越来越有限。石器时代一个靠渔猎采集为生的人尚懂得如何制衣、生火、捉兔子以及狮口脱险。如今，我们自以为知识更渊博了，但就个体层面而言，我们实际上越发地无知了。我们生活中方方面面的需求几乎都仰仗着别人的专业知识与技能。在一项原本不起眼的实验中，受试者被问及他们是否了解拉链的运作原理。大多数人都自信满满地给出了肯定的回答——毕竟这玩意儿他们天天都在用。接着，受试者被要求对拉链的原理给出准确的解释，并尽可能详细地描述“拉”拉链时的每一个步骤。大多数人都傻眼了。这便是知识的错觉。尽管人人都一知半解，但由于我们把别人脑袋里的知识当成了自己的，便自以为上知天文下晓地理。

不过，这也未必是件坏事。正是对群体思考的依赖成就了我们世界霸主的地位，知识的错觉让我们不用花大把力气亲力亲为地弄清楚每件事情，日子也能过得一帆风顺。从进化的角度看，人类相当擅长采他者之长为己之用。

然而，正如许多在远古时期管用，步入现代社会就失灵的人类特质一样，知识的错觉也有其软肋。世界变得越来越复杂，人们意识不到自己有多么无知。结果是，一群对气象学或生物学一窍不通的人就气候变化和转基因作物等议题吵翻了天，而另一群根本不知道伊拉克或乌克兰在哪儿的人，极力主张要对这些地区采取行动。人们很少发觉自己的无知，因为他们会沉浸在一个高度同质性的环境中，其信念被不断自证与加强，鲜有相左之声。

据斯洛曼和费恩巴赫所言，向人们提供更丰富的信息也于事无补。科学家寄望于通过更进一步的科学教育来消除反科学带来的偏见，专家学者致力于通过传播准确可信的事实和专业可靠的报告来影响公众舆论对奥巴马医改法案或全球变暖议题的看法。这类无谓的希望皆根植于对人类思维方式的迷思。事实上，我们绝大多数的观念都源于群体思考而非个人理性，这些观念又经由群体认同的加强而根深蒂固。把事实真相一股脑儿摆在他们面前，揭露他们个体层面的无知，这很可能会适得其反。大多数人都不愿意面对真相，更不喜欢承认自己的愚蠢。如果你觉得摆事实讲道理就能让唐纳德·特朗普相信全球变暖——请三思吧。

没错，那些笃信事实真相能够改变公众舆论的科学家本身可能就是科学界群体思维的受害者。科研群体坚信事实的效力，正是在这种信念的驱使下，即便大量的实证经验与之相左，他们还是固执地认为只要收集足够的事实，就能在公开辩论中获胜。相似地，对个人理性的传统看法这一见解本身也可能是群体思维而非实证经验的产物。巨蟒剧团演绎的《布莱恩的一生》的高潮之一，就是一大群不明真相的追随者把布莱恩误当成了救世主。无路可逃的布莱恩对他的门徒嚷道："你们不需要追随我，你们不需要追随任何人！你们得自己思考！你们都是独立的人！"热切的门徒又随之齐声吟诵起来："是的！我们都是独立的人！"巨蟒剧团的表演旨在讽刺20世纪60年代的反主流、反正统文化，但其中对个人理性主义的真知灼见大概放在任何时代都适用。

未来的数十年间，世界或将变得比今日复杂更多。人类个体终将对于科技产品、经济形势和政治动向如何影响世界知之更少。那我们还怎么能放心地把决定权交给这些无知又容易被操纵的选民和消费者？倘若斯洛曼和费恩巴赫所言属实，让选民看到更多的真相，向消费者提供更多的信息也无益于问题的解决，那么，我们还有别的办法吗？两位作者也只能耸耸肩。但他们确实给出了几条简单实用的法则（"存下收入的15%来养老"），以及把握最佳的教育时机（教刚下岗的人如何面对失业危机而不是对上班族指手画脚），并鼓励人们面对无知的现实。当然，这些还远远不够。正如书中所言，斯洛曼和费恩巴赫对自身理解力上的限制也心知肚明，他们自知无法提供答案。而且，十有八九根本没人知道。

尤瓦尔·赫拉利

历史学家，《人类简史》作者

前　言

无知与知识共同体

三名士兵坐在一个三英尺①厚的混凝土掩体中，聊着各自的家乡。突然，谈话随着水泥墙体的剧烈摇动而中断，接着停止，地面晃得简直像抖动的杰乐果冻（Jell-O，美国果冻食品品牌）一般。此刻，在他们头顶上方三万英尺处的一架 B-36 轰炸机上，机组成员因机舱中充斥的热流与浓烟而咳嗽不停，并因为几十个闪光灯和警报器同时启动而争吵不休。与此同时，在向东 80 英里②的海面上，不幸的“幸运龙五号”渔船（第五福龙丸）全体船员站在甲板上，惶恐而惊愕地盯着海天之际。

这是 1954 年的 3 月 1 日，身处太平洋远洋海域的他们都见证了这一人类历史上规模最大的爆炸事件：绰号为“虾”，代号为“喝彩堡垒”[1]的氢弹爆炸。不过，好像哪里不对劲儿，而且错得很离谱。

---

① 1 英尺 =0.304 8 米。——编者注

② 1 英里 =1.609 3 千米。——编者注

那些置身比基尼环礁掩体中的军人们接近核弹的爆心投影点。他们曾目睹过以往的核弹爆炸，这不像地震那样不可预期，他们应该能够预知爆炸发生45秒后袭来的冲击波。再说B-36的机组人员，他们进行的是一次载有科学使命——放射性沉降云采样与放射性测量的飞行任务，理应在安全高度内航行，而这架飞机却被烧得都要起泡了。

这些人都比第五福龙丸上的船员要幸运得多。爆炸发生两小时后，一片放射性沉降云笼罩在渔船上空，使船员们暴露在放射性碎片下长达数小时之久。他们几乎立即出现了辐射综合征的急性症状——牙龈出血、恶心、灼烧感——其中一人在送至东京医院后几天内就死亡了。爆炸发生前，美国海军曾护送几艘渔船离开危险海域。而第五福龙丸早已在美国海军划定的危险海域以外了。更令人痛心的是，几小时后，放射性沉降云随即飘过了朗格拉普环礁和乌蒂里克环礁，使本地居民都受到了辐射。这是居民们从未经历过的。他们在罹患急性辐射综合征三天后被疏散撤离，并暂居于另一个岛上。他们于三年后返回环礁，但又因癌症发病率激增而被再次疏散。最为悲惨的是孩子们，他们始终眼巴巴地盼着回家之日的到来。

爆炸的威力远远大于预期，这是灾难发生的原因。TNT当量是用于衡量核武器威力的指标。1945年于广岛[2]爆炸的代号为“小男孩”的裂变式原子弹，其当量为16 000吨TNT（三硝基甲苯，常用于制造炸药），足以让这座城市的大部分彻底变为废墟并夺走10万人的生命。研制“虾”的科学家们对其威力的期待大约是“小男孩”的

300 倍，即 6 兆吨。然而，“虾”实际释放了 15 兆吨的爆炸威力，几乎相当于“小男孩”的 3 000 倍。科学家们预见了这次爆炸会威力惊人，却没想到低估了那么多。

这一错误源于对该炸弹主要成分之一锂 –7 的误解。在“喝彩堡垒”事件前，锂 –7 被认为是相对惰性的。事实上，锂 –7 在受到中子轰击时会发生强烈反应，通常衰变为氢的不稳定同位素，然后与氢原子结合，释放出更多中子的同时也释放巨大的能量。此外，负责评估风向的团队也犯了一个错误，他们未能预测较高海拔的东风将推动放射性沉降云飘向有居民的环礁。

这个故事诠释了人类的心智是一个矛盾体，即人类心智是天资与悲怆、聪慧与愚昧的合体。人类能力最极致的展现莫过于对神力（超自然力）的藐视与反抗。我们从 1911 年首次发现原子核到有能力制造兆吨级的核武器不过用了 40 年的时间。我们学会使用火，创建了民主制度，登上了月球，并培育出转基因番茄。然而，正是这样的我们，也有着傲慢、愚勇的一面。我们不仅会犯错，有时还会失去理智，常常表现得很无知。实在难以想象，会产生核聚变反应的氢弹竟出自人类之手。更令人难以置信的是，我们居然真的造出来了（尽管直到它腾空爆炸之时，我们也没有完全掌握其背后的反应原理）。同样让人出乎意料的是，我们早已发展出精密的政府机制与经济体系，然而大多数人在享受其带来的有序现代生活的同时，却并不了解它们究竟是如何运作的。不过，人类社会目前似乎一切如常，至少核辐射不会在下一秒降临到你我身上。

人类何以能够兼具创意与无知，时而把大家哄得团团转，时而又被自己气得捶胸顿足？我们对世界的理解如此有限，又何以掌握如此多的技术与能力？以上问题你都将在阅读本书的过程中找到答案。

思考是种集体行为

20世纪50年代，认知科学开始成为一门学科，研究人类已知领域中最非凡的特质：我们的心智是如何运作的。思考是如何实现的？究竟是什么在人类大脑中，使我们对数字敏感，用数学去计算和理解死亡率，让行为符合道德却有时又很自私，或让我们做出哪怕只是用刀叉吃东西这种最简单的行为？做出以上这些行为的能力都是人类独有的，你无法在机器或其他动物身上找到。

研究人类心智已成为一项志业。史蒂文作为一位认知科学教授已从事此课题超过25年。拥有认知科学博士学位的菲尔精通市场营销，他致力于了解人们是如何进行决策的。纵观认知科学的发展历程，我们看到的并不是逐步探明人类心智如何不断撷取惊人成就，相反地，多年来认知科学总是告诉我们“人类不能做什么”——我们的局限在哪里。

认知科学更令人沮丧的一面是，其一系列关于人类能力的启示虽不是针对所有人，但对大部分人而言，都表明我们的工作方式及成就都高度受限。每个个体能够处理的信息量是非常有限的（这就是为什么我们在听完自我介绍的下一秒可能就忘记了对方的名字）。人们常常缺乏看似最基本的技能，比如评估某一行动可能存在的风险，甚至好像永远也不会从中学到教训（因此绝大多数人，包括本书的作者之一，总是可笑地恐惧于搭乘最安全的现代交通工具之一——飞机）。或许更重要的是，个人所涉及的知识十分浅薄，与世界真实的复杂性相比不过皮毛而已，更何况我们常常意识不到自己的无知。其结果是，人类对目前已知事物的了解少得可怜，却常常自负地认为自己无所不知。

我们的故事将会带你进入一次跨学科之旅，涵盖了心理学、计算机科学、机器人技术、演化理论、政治学以及教育学，这一切都旨在引领我们探索心智是如何运作的以及思维到底是什么。并且，你也会明白，为何回答以上问题对于解释人类心智之浅薄与强大并存至关重要。

人类的心智并不是一台计算机，生来就是用于储藏海量信息的。我们的心智经过演化成为一个懂得灵活变通的问题解决专家，学会只提取最有用的信息并举一反三地应用于新情势，引导我们做出决定。于是，个体极少耗费大脑资源储存细枝末节的信息。从这个角度看，人类社会更像蜜蜂和它们的蜂巢：我们的智慧是集体式的而非个体式的。当这种智慧发挥作用时，个体不仅仅依赖各自脑中的知识储备，还需要那些存在于我们身体、周遭环境，尤其是他人头脑中的信息。当我们把这些信息加在一起，便会发现人类的思想是多么令人震撼。但别忘了，这是群体的产物，而非个人所能及。

“喝彩堡垒”核试验计划是蜂群思维的一个极端案例。这一复杂项目需要约一万人直接参与其中，更别提那些必要的数不胜数的间接参与者，譬如募资的政客和营建基地与实验室的承包商。在这个项目中，数百名科学家负责炸弹的各个不同组件，数十人负责监控气象，还有研究放射性危害的医疗团队。此外，反间谍部门确保通信加密，并确保俄罗斯潜艇不能足够接近比基尼环礁以窃取秘密情报。这一项目还需要厨师负责伙食，清洁人员负责后勤卫生，以及水管工人保障厕所下水道畅通。没有任何人能完全掌握这当中所需知识的千分之一。我们通力合作，为了共同追寻的艰难事业，集众人心智，化不可能为可能。

这固然是积极美好的一面。而躲在“喝彩堡垒”阴影下的是核军备竞赛与冷战氛围。下面我们要关注的是这种极具代表性的狂妄自大：引爆一个15兆吨级炸弹的背后动因。这至今也未被全部理解。

无知与错觉

事物总是比其看上去要复杂得多。你不会惊讶于现代汽车结构、计算机系统或空中交管制度的复杂性。但，马桶呢？

我们的生活中有奢侈品，有实用品，更有那些“没你不行”的必备品。冲水马桶无疑被归在最后一类。我们对如厕的需求是真实存在的。发达国家每家每户至少有一个卫生间，餐厅基于法律的规定也必须设立盥洗室，还有，谢天谢地，你通常也能在加油站和星巴克咖啡馆找到它们。它们的实用与简便程度简直是奇迹，让人人都觉得其工作原理简单易懂。无疑，大多数人都是这样想的，不是吗？

让我们花一点时间，试着解释按下冲水按钮的瞬间发生了什么。你真的了解冲水马桶运作的一般原理吗？事实证明，多数人的答案都是否定的。

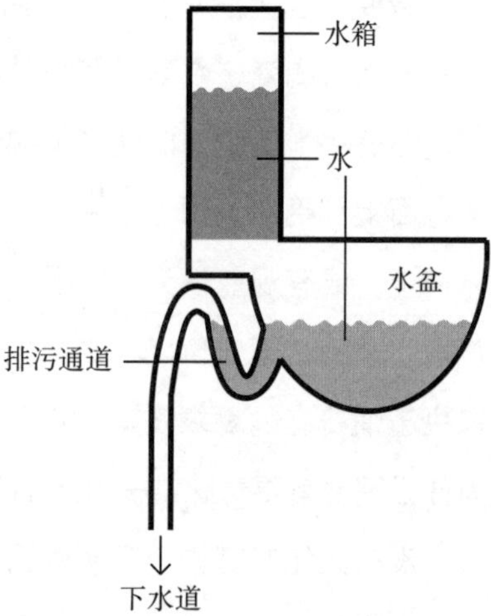

马桶其实是个简单的设备，其基本设计原则已存在数百年之久。（与坊间传说不同，托马斯·克拉普并不是冲水马桶的发明者，他只是对设计进行改良并因此狠赚了一笔而已。）在北美地区，最流行的冲水马桶是虹吸式马桶。其主要的部件包括一个水箱、一个水盆和一个排污通道。排污通道通常为 S 形或 U 形，向上隆起且高于水盆的排出口，下接排水管并最终引入下水道。水箱最开始是装满水的。

当我们冲厕所时，水从水箱迅速流入水盆中，使得水盆的水位高度高于排污通道的倒U形最高点。这时排污通道中的空气被挤出，水流涌进。一旦排污通道被水填满，奇迹便发生了：虹吸效应使得水流出水盆，经过排污管并从下水道彻底消失。你甚至可以用虹吸效应来窃取汽油，只需将管子一端接在油箱上，即可从另一端吸走。当水盆中的水位低于排污道的第一个折弯处（U 形最低点）时，虹吸停止，使空气流入。一旦水盆中的水被吸走，水将再次被泵入水箱中等待下一次虹吸发生。这是一个精巧的机械设计，对使用者而言简直轻而易举。那么，它真的很简单吗？或许它的确简单到只需一段话便可描述清楚，却又并不那么显而易见、尽人皆知。事实上，现在你正属于那为数不多知道其中奥秘的人之一。

若要完全了解马桶，一个简短的机械装置描述是远远不够的。你需要具备陶瓷、金属及塑料的相关知识，以便理解马桶的材质构成；还有化学知识，以便了解如何做好密封，使马桶水不会漏到浴室地面上；更有人体工学知识，以便确保马桶的大小和形状符合人体需求。或有观点认为，若要全方位地了解马桶，还需要经济学知识来为马桶合理定价以及选择原配件进行制造。这些原配件的质量取决于消费者的需求及购买意愿。这时，掌握心理学知识对于理解为什么消费者更青睐某一颜色的马桶来说至关重要。

没有人能对哪怕一项事物面面精通。即使制造和使用最简单的东西也需要复杂的知识体系。我们甚至还没提到自然界中真正复杂的事物，如细菌、树木、飓风、爱情以及繁殖的过程。它们都是如何运作的？恐怕大多数人都说不出咖啡机的工作原理，胶水如何把纸张粘在一起，或照相机如何对焦，更别提如爱情这般令人费解的难题了。

我们并非认为人们是无知的。只是人们比他们认为的自己要无知得多。我们或多或少都经历着一种错觉：我们认为自己了解世间万物，而事实上我们的理解是何等微不足道。

有些人可能会想，“嗯，虽然我不知道这些东西如何运作，但我也并不是生活在幻象里。我既不是科学家也非工程师，但这不妨碍我了解事物，至少我明白哪些东西必须懂得以及如何做出正确的决策”。那么，哪个领域是你有深入研究的？历史？政治？经济政策？你真的对自己擅长的每一件事物了如指掌吗？

日本于 1941 年 12 月 7 日袭击珍珠港。当日本与德国结盟，世界身陷战火之时，仍未参战的美国很显然是站在同盟国而非轴心国一边。上述众人皆知的事实已为我们如何理解珍珠港事件定下基调。但是，你真正了解日本为何发起攻击吗？具体而言，为什么日本选择攻击夏威夷群岛的海军基地呢？你能解释这其中的来龙去脉吗？

事实证明，袭击珍珠港事件爆发之时，美日战争可谓一触即发。日本正陷入远征的泥淖，1931 年发动“九一八”事变，1937 年发动南京大屠杀，以及 1940 年侵略法属中南半岛。夏威夷海军基地存在的原因即防范日本蠢蠢欲动的侵略企图。美国总统富兰克林·罗斯福于 1941 年将原驻圣地亚哥基地的太平洋舰队移防夏威夷。由此而见，日本的攻击行动对美国而言并非意料之外。攻击发生前的盖洛普民意调查结果显示，52% 的美国人预计美国将在一周内与日本开战。

故此，袭击珍珠港事件与其说是欧洲战场的后续，倒不如说是东南亚矛盾长期胶着的结果。即使希特勒并未于 1939 年发起闪电战入侵波兰，袭击珍珠港事件依然有可能发生。袭击珍珠港事件无疑影响了第二次世界大战期间的欧洲战事，但它并非由此而起。

此类事件在历史中屡见不鲜，人们对看起来众所周知的事件形成了刻板印象，但其真正的历史脉络却与我们想象中的情况大相径庭。随着各利益集团简化故事、编造传言以为己服务，复杂的细节也随着时间而消散。

当然，如果你仔细研究过针对珍珠港的袭击事件，你会发现我们大错特错，其中有太多问题仍待讨论。但这种例子并不多见。因为没人有时间去一一理清多如牛毛的历史事件。我们打个赌，除了你精通的几个专业领域，你对某一事物机制层面的了解是相对浅薄的。这里所指的不仅仅是懂得操作设备、器械，而是对某事物之起源、开展及后续影响都了然于胸。但在你驻足反省自己究竟了解多少之前，你可能很难意识到自己对某一领域的认识有多浅薄。

样样精通是不可能的，理智让我们甚至不曾动过这样的念头。我们依靠的是抽象化的知识，它们模棱两可又未经推敲。但我们都见过例外情况——总有人钟爱深究事件细节且乐于滔滔不绝地讨论它们，有时这一讨论方式令人神往。况且，我们都有自己擅长的领域，对其了如指掌。但对大多数事物而言，我们不过浅尝辄止，知其然而不知其所以然。事实上，绝大多数知识无非就是一堆联结物，是物或人之间的高度相关，而非支离破碎的细枝末节。

那么，为何我们意识不到自己如此无知呢？为何我们自认为对事物有深刻的理解，拥有足以解释一切的系统化的知识网络，但事实并非如此？为何我们身陷一种对理解力的错觉之中？

我们为何而思考

为什么这种错觉对我们的思考来说极为重要，更好地了解这一点有助于理解我们为何而思考。思维为服务不同的职能而演化。思维的功能可以是对世界的表征——在我们的脑中构建一个按要素对应现实世界的模型。思维还赋予我们语言能力，使人际沟通成为可能。解决问题与做出决策的能力也是思维的产物。或许，思维还能朝着特定的意图演化，例如发明工具或求偶时的炫耀行为。上述概念对于理解思维都有所助益，但思维的演化无疑有更大的目标——一个集合了上述所有意图的远大目标：思维是为了行动。思维的演化首先是将其作为有效行动能力的延伸，此外，它使我们更善于开展那些有助于目标达成的行动。思维使我们能够预测每项行动的后果或设想采取不同行动导致的结局，并据此在一系列备选方案中做出选择。

我们有理由相信行动是先于思维而存在的。即使是最原始的有机生物体也具备行动能力。在演化早期出现的单细胞生物也会进食、移动和繁殖。它们有所行动；它们用行动改变世界。演化筛选出那些最善于用行动求生者，以及那些在复杂多变的环境中能最有效调节其状态者。假使你依靠吸取路过的动物的血液为生，那么接近任何与你擦肩而过的东西就显得至关重要。但它最好是一只美味的啮齿动物或禽类，不是一片随风飘落的枯叶。

用于鉴别规定情境下之行动是否合宜的最佳方法，是评估能够处理信息的心智能力。其中，视觉系统必须能够执行大量而复杂的处理程序，以辨别靠近我们的是老鼠还是树叶。其他心理过程也对选择适当的行动至关重要。记忆有助于提示我们哪些行动在过去的类似情境下最有效，推理能够帮助我们预见在新情境中可能会发生什么。思维能力大大提高了行动的有效性。从这一角度来看，思维乃行动之延伸。

要理解思维如何运转并非易事。人们是如何为了行为而思考的？哪些心智能力能够使人们运用记忆和推理追寻其目标？我们将会发现，人类是推论世界运行规则，即因果关系的行家。对行为之后果的预测要求由因至果的推理，而想要弄清楚为什么有些事情会发生，则需要由果溯因的推理。心智便是为此而设计的。无论我们思考的是具象的物体、社会系统、其他人、我们的宠物狗，还是其他任何事物，我们的专长就是挖掘出行为及其他因素是如何引发结果的。我们知道踢球一脚能把它送上天，但踢狗一脚会让你疼上半天。我们的思维过程、语言以及情绪是用来进行因果推理，帮助我们采取合理行动的。

这使人类的无知显得更加匪夷所思。如果因果关系对择取最佳行动方案如此重要，为什么人类个体对于世界运行规则的所知少得可怜？这源于思维的强大驾驭能力，能够取其所需，去其无用。当你听到一整句话时，你的语音识别系统会提取句中核心意思、潜台词或引申义，但不会逐字记住原句的措辞。同理，当你面对一个复杂的因果系统时，你也会提取主旨并遗忘细节。假如你是一位修理巧匠，有时你可能会拆开一件旧电器，比如一台咖啡机，当你进行此项操作时，你不会记得咖啡机的形状、颜色或每个部件装配于何处。相反地，你会关注那些主要的组件，并尝试理清它们与其他组件如何相接，以便解决核心问题，比如怎样让咖啡机内的水被加热。如果你和大多数人一样，对咖啡机的内部结构兴味索然，那么你对它的工作原理也只是略知一二。此时，你的因果理解只限于使用须知：怎么用它做出一杯咖啡（所幸，在这方面你已经是行家了）。

心智不是为了获取每一个个体或情境的细节而存在的。我们从经验中学习，进而能够举一反三，以应对新的个体或情境。想要在新环境中有行动能力，需要具备对世界运行规则深层次、规律性的理解，而非拘泥于表面的细节。

我们生活于知识共同体中

如果只靠头脑中有限的知识储量和因果推理的天赋，我们还不足以成为称职的思想者。成功的秘诀在于我们生活在一个被知识团团包围的世界中。知识体现在我们所做的事情里，游走在我们的身体和工作场所内，也同样存在于其他人身上。我们生活在一个由知识构成的共同体当中。

我们能够接触到的大量知识储存于他人脑中：我们的亲朋好友谁没有自己专精的一方小天地呢。我们可以打电话给专业人士说，请帮我修好这个已经罢工无数次的洗碗机吧。电视上正在播放教授和发言人对事件进行的预告或分析。我们还有浩瀚书海，以及最丰富而即时的信息宝库——互联网，它就在我们指尖。

除此之外，我们也从事物本身获得启迪。有时我们可以通过观察一台家用电器或自行车的工作方式来修理它。当我们留意查看时，毛病出在哪儿往往显而易见（只要是常见问题！）。你或许不知道吉他的发声原理，但只消拿起一把吉他拨弄几分钟，试试和弦、调调音高，便足以让你对怎么弹吉他有基本概念。由此来看，关于吉他的知识可以直接通过吉他自身习得。若想探索一座城市，亲身游历一番绝对是上上策。城市本身即展现了它的布局：风景名胜分布何处，不同制高点上可览何等风光。

如今，我们所能接触的知识库空前庞大。这不仅仅指的是电视节目里教你怎么做东西或解释宇宙如何诞生，而是我们只要打开搜索引擎，在键盘上敲几个字母便可以回答任何事实性的问题。我们常常通过维基百科或其他网站获取我们需要的信息。然而，获取外界知识的能力并非当今世界的不二真理。

认知劳动的分化[3]乃认知科学家们的惯用称呼。自文明诞生之初，人类在其团体、氏族或社会内部已发展出了各有特色的专职领域。他们成为族人当中的农人、医者、匠人、向导、乐师、诗人、厨子、猎人、斗士，或拥有其他专长的一员。每个人可能在多种专业上都有所建树而非只有一项技能，但从未有人在所有行当的方方面面都是全能手。就像厨师不可能会做所有的菜肴，再令人钦佩的音乐家，也无法对每件乐器或每种类型的音乐都手到擒来，没有人能独揽一切。

合作由此而生。社会性、群体化生活的主要好处便是易于分享我们的技能和知识。如此说来，我们难以分清知识是已内在掌握还是取自他人智慧也就不足为奇了，因为我们常常，或可以说总是，在具体行事时二者都会涉及。比如，每当我们洗碗时，我们一边感谢上天有人发明了洗洁精，一边感谢另一个聪明的家伙能够让热水从水龙头中流出。而我们对其中的运作原理一无所知。

技能和知识的共享比人们认为的复杂多了。人类不是流水线上的机器，并非个体的单纯叠加。相反，我们能与他人共事，也能意识到其他人的存在以及他们做出的努力。我们励精图治为的是共同的愿景。这一点用认知科学的语言可以表达为，我们共享意向性。这是一种人类独有的合作模式。实际上，我们乐于同他人彼此分享心智空间。在某种意义上，它甚至可以被称为一种游戏。

我们的颅骨或许能划定大脑的边界，但知识是无边界的。心智的延伸已超越大脑，囊括了身体、环境和他人，因此对心智的研究绝不能只局限于脑部。这便是认知科学迥异于神经科学之处。

知识的表征不易，但表征一个你不了解的概念则是难上加难。加入知识共同体，换句话说，加入一个每个人脑内只存有部分知识的社会，你需要甄别哪些信息是有效的，无论它们是否储存在你的记忆里。对有效性的辨别绝非易事，脑中内在信息与外在信息是没有清晰界限的。我们心智的设计要能够连续处理外部环境中资讯与脑内已储存的信息。人类有时低估了自己的无知，但总体而言，我们还是干得相当漂亮。这便是进化最伟大的成就之一了。

现在，关于理解什么是知识的错觉，你已具备基本的背景常识。思维的本质是缜密地使用无论源自内在还是外在的知识。由于无法精确地划分知识来自内在还是外在，我们便生活于知识的错觉之中。我们败就败在，这本来就不是泾渭分明的。所以我们常常对自己不知道什么一无所知。

知识的错觉

这种理解心智的方式可以为我们探讨最复杂的问题提供改进方案。对理解力局限性的认识应使我们更加谦卑，以开放的心态去接纳他人的想法和思维方式。它教我们如何避免失误，例如糟糕的财务决策。它使我们得以改善政治制度，并帮助我们评估应该在多大程度上仰赖精英，有多少决策权应赋予一般选民。

这本书写于美国政治两极分化空前严重的情势之下。自由主义者和保守主义者观点对立、彼此厌恶，结果是民主党和共和党找不到任何共同点或可妥协之处。美国国会甚至无法通过哪怕良性的立法；参议院阻止重要的司法和行政任命，只因其来自对立党派。

导致这种僵局的原因之一，是政治家和选民没有意识到他们对问题理解得多么浅薄。每当一个问题重要到值得开展公开辩论时，它也必是复杂难懂的，只靠读一两篇报纸上的文章是不够的。社会问题有复杂的因和难以预测的果，我们需要大量的专业知识才能真正了解某一情势的内在含义，甚至连专家的意见都显得微不足道。当双方对立时，比如警察和少数族裔，我们不能武断地用恐惧或者种族主义，或两者兼备来解释其关系。因为伴随着恐惧与种族主义的个人经验与期望，由于误导与误解，加之充满变数的特定情况，矛盾反而升级。复杂性无处不在。倘若大家都能理解这一点，我们社会的两极分化或将减弱。

相较于欣然接受复杂性的存在，人们更倾向于跟从一个或另一个社会信条而人云亦云。因为我们的知识是与他人缠绕在一起的，知识共同体塑造着我们的信念和态度。同侪之间分享的观点着实难以抗拒，这种分享太频繁以至我们不再基于观点本身的价值进行评估。我们用集体意见代替个人思考。认识到知识的公共性这一本质应使我们在决定信念和价值观上更加务实。

这将改善我们的决策过程。我们都会做出一些羞于承认的决定，其中包括失误，如没储备好养老金，也包括遗憾，如本该克制自己却沉沦于诱惑之中。我们将看到，知识共同体可以被用来辅助人们克服与生俱来的限制以大幅增加这一共同体的福祉。

了解“知识是公共性的”这一本质得以揭示出我们看待世界时的偏见。我们崇拜英雄。我们颂扬个人的力量、天资与美貌。我们的电影和书籍将人物偶像化，例如超人可凭一己之力拯救地球。精彩的电视剧剧情也总是让某个低调的神探在灵光一现之后破解案情并将罪犯绳之以法。个人总被赋予创造壮举的重任。玛丽·居里获得的推崇之高就像她独自发现了放射性元素，牛顿则是仿佛凭空想出了三大运动定律。蒙古人在12—13世纪所取得的成就皆被归功于成吉思汗，而罗马帝国对犹太行省所做之恶行也都怪罪于本丢·彼拉多一人。

事实上，在现实世界，没人活在真空里。侦探们也有其团队，可以一起开会、思考和行动。科学家们不仅有实验室和在其中工作、提供批判性想法的学生，也有同事、朋友和死对头，他们的所做所想都与科学家们无异，没有他们也就没有所谓的科学家。此外，还有更多的科学家致力于研究不同的问题，身处不同的领域，但他们仍在为彼此的想法与探索铺路。一旦我们开始意识到知识并非全部储存在某人的脑袋里，而是在一个共同体中被共享，我们心中的英雄们也将改头换面。我们开始关注一个更大的群体，而非聚焦于个人作为。

知识的错觉对社会的演进和技术的未来走向也影响深远。随着技术系统变得越来越复杂，个人已无法完全理解。现代化的飞机就是个很好的例子。目前，在大多数情况下，飞行由飞行员与可控的自动化系统协力完成。关于操纵飞机的知识储存于飞行员、仪器设备和系统设计师身上。知识的共享是如此天衣无缝，以致飞行员或许根本意识不到他们彼此间理解上的差异。这也会使灾患不易被察觉，关于这一点，我们已经看到不幸的后果了。更好地了解自我将有助于更好地进行安全防范。知识的错觉也影响着我们对当代最具变革性的技术——互联网的认知。随着互联网空前紧密地与我们的生活融为一体，知识共同体也前所未有地丰富、分布广泛、触手可及。

影响远不止于此。由于集体性的思考模式，我们倾向于团队合作。这意味着个体的贡献取决于团队合作能力而非你的脑子转得多快。个人智慧被高估了。这也意味着，当我们和他人一起思考时更容易学有所成。在每一个教育阶段，最好的教学策略都会让学生进行团体学习。对教育研究者而言这早已不是新招数，但其普及和落实程度仍不甚理想。

我们希望这本书能让你更全面地了解心智，更深刻地认识到，你自己的许多知识和思想取决于这大千世界的人、事、物。我们的大脑已乃至奇之物，而左右它的还有这个瞬息万变的世界。

第一章

我们知道什么

核武器战争本身就导向一种错觉。阿尔文·格雷夫斯（Alvin Graves）曾于20世纪50年代初任美国军方核武器试验计划的研发负责人。我们在前言中讨论过的那场堪称灾难性的“喝彩堡垒”爆炸正是由此人极力推动的。世界上怕是再没有人比格雷夫斯更了解核辐射的危险性了。“喝彩堡垒”事件发生的8年前，即1946年，格雷夫斯曾是位于新墨西哥州的洛斯阿拉莫斯核武器实验室的8名成员之一，当时的另一位研究员路易斯·斯洛廷（Louis Slotin）正执行一项被伟大的物理学家理查德·费曼（Richard Feynman）戏称为“老虎屁股摸不得”的棘手实验，测试钚这种放射性原料在核爆炸中的表现。[1] 实验涉及包裹中心钚球的两个铍半球之间的缝隙闭合。当半球闭合时，从钚当中释放出来的中子被铍反弹，导致更多的中子被释放。这一实验极其危险。一旦两个半球合拢，其连锁反应会引发一连串辐射。斯洛廷作为一名经验丰富又才华横溢的物理学家，出乎意料地用一把平头螺丝刀分离了两个铍半球。但在螺丝刀转动并使两个半球相撞的那一刻，在场的8名科学家还是受到了危险剂量的辐射。斯洛廷的状况最糟糕，9日后在洛斯阿拉莫斯实验室的医务室与世长辞。团队中的其他人都得以从急性辐射综合征中康复，但少数的几位还是因癌症或其他可能与此次事故相关的疾病英年早逝。

这些绝顶聪明的人为何如此愚蠢？

意外确实难以避免。我们都会为诸如刀子割到手指或关车门夹到别人的手之类的失误而感到羞愧。但对于一群杰出的物理学家，你却指望他们仅用一把手持平头螺丝刀自救于致命的核辐射之下。据斯洛廷的一名同事所言，其实有很多相对安全的方法来进行钚测试，而且斯洛廷对此心知肚明。例如，他可以先固定其中一个铍半球的位置，再将另一个由下而上地托上去。接下来，如有任何滑落发生，两个半球将因重力而无害分离。

为何斯洛廷会如此鲁莽行事？我们怀疑他经历了那种人人都曾有过的错觉：我们在一知半解中仍知道该怎么做。这些物理学家们所感受到的惊诧，其实和你试图修好漏水的水龙头却反而使浴室"洪水滔天"，或试图帮你女儿解出数学作业题却被二次方程难倒时大同小异。我们总是胸有成竹地开头，垂头丧气地结尾。

这些都只是不相干的例子，还是它们背后有更系统性的因素？人们总是习惯于高估自己的理解力吗？抑或知识确实比看起来更浅显易懂？1998 年，认知学家弗兰克·凯尔（Frank Keil）离开工作多年的康奈尔大学来到耶鲁大学。在康奈尔大学期间，凯尔长期致力于研究已有的事物如何运作的理论。他很快便意识到那些理论何其破碎且浅薄，但他遇到了一个困扰。他找不到一个有效的方法来科学地阐明人们实际所知与他们自认为所知之间的差距。他已尝试过的方法不是太耗时就是太难以量化，还有些根本无法得到受试者的真实反馈。于是，他灵机一动，一种符合他预期效果的方法浮现在脑海。这种被称为解释性深度错觉（illusion of explanatory depth，简称 IoED）的测试工具能够克服上述弊端："我清楚地记得某日清晨，当我在位于康涅狄格州吉尔福特的家中淋浴时，几乎整个解释性深度错觉的模型随着水流涌现，倾泻而下。我立即冲出浴室，开始工作，拉上一直和我一起研究认知劳动分化的利昂·罗森布利特（Leon Rozenblit），开始制定解释性深度错觉的所有细节。"

由此，一种研究无知的方法诞生了，这种方法只单纯地要求受试者对某事物给出解释，并说明这种解释如何影响他们对自身理解力的评价。倘若你是罗森布利特和凯尔的受试者之一，你会被问到下列问题：

1. 请自评对于拉链工作原理的知识了解多少，如果了解程度为 1—7，你会给自己打几分？

2. 拉链是如何发挥作用的？请描述使用拉链的所有步骤，越详细越好。

如果你同罗森布利特和凯尔[2]的大多数受试者一样，并非在拉链工厂上班，那么关于第二个问题你便所知甚少。你确实对拉链的工作原理毫无概念。所以，试想你被问到如下问题：

3. 现在，请重新自评你对拉链工作原理了解多少，了解程度依然是 1–7，你会给自己打几分？

这一次，你多少会降低评分以示谦卑。在试着解释拉链的工作原理之后，大多数人意识到了他们对拉链的知识其实还是门外汉，因此在问题 3 上只给自己打一分或二分。

这项论证表明人们置身于错觉之中。受试者们自己也不得不承认，他们对拉链的真正了解远不如想象中多。当人们调低第二次评分的分数时，他们实质上是认识到，“我知道的比我以为的要少”。拆穿人们的错觉着实简单得难以置信，你只要要求他们对看似平凡的某事给出解释就行。这一招可不只对拉链有效。罗森布利特和凯尔分别以车速表、钢琴键盘、冲水马桶、锁芯、直升机、石英表和缝纫机为题进行的测试都得到了相同的结果。每一位受试者都表现出错觉：无论他们是耶鲁大学的研究生、名校的本科生还是就读于社区公立学校的学生。在一所美国常春藤名校的大学生身上，在一所大型公立高中的学生身上，以及在对美国民众的线上随机抽样测试中，错觉一而再，再而三地被证实。我们发现错觉不仅发生在对日常物品的认知上，它几乎无处不在：人们高估了自己对诸如税收政策和对外关系之类政治议题的理解，在热门科学话题如转基因作物和气候变化方面也全凭想当然，甚至连个人理财都是一本糊涂账。我们对心理现象的研究持续已久，但如此强有力的关于理解力错觉的证据实属罕见。

关于这些实验结果，一种可能的诠释为，正是受试者努力去解释的过程改变了他们对“知识”的解读。或许当他们先后两次被要求进行自评时，受试者们感觉在回答两个截然不同的问题。第一次他们将问题理解为：“我对拉链的了解有多少？”而在他们尝试过解释这东西怎么工作之后，则开始评估自己究竟能在多大程度上清楚地给出说明。如果这样的话，受试者可能是将第二个问题理解为："我能在多大程度上用语言表达有关拉链的知识？"但是，由于罗森布利特和凯尔设计的题干严谨而明确，这似乎不太可能发生。他们精确地定义并告知了受试者每一级分数所代表的含义（1—7）。而且，即使受试者自认为前后回答的并非同一问题，这仍不妨碍他们在想办法给出一个解释的过程中也省悟到：他们能说明白、讲清楚的知识确实比自以为的要有限。此乃解释性深度错觉之本质。若不曾试着说明某样东西，人们总是对自己的理解水平自我感觉良好；一番尝试之后，他们会有所改观。即使他们调低分数是基于对"知识"这一术语定义上的歧义，这仍然揭示了他们实际所知还是较少的真相。据罗森布利特和凯尔所言，"许多受试者反馈说当他们得知自己远比原先预想的要无知时，一份实实在在的惊讶和从未有过的谦卑涌上心头"。[3]

解释性深度错觉还可以用人们如何理解自行车[4]这个例子来说明。利物浦大学的心理学家丽贝卡·劳森（Rebecca Lawson）向一组心理学专业的本科生展示了一幅车架部分组件缺失、没有链条和踏板的自行车示意图。

劳森要求学生们补全缺失的部分。我们不妨试试看。车架的哪些部分不见了？链条和踏板应该安装在哪儿？

如上问题居然出乎意料地难

以回答。在劳森的研究中，将近一半的学生无法完全正确地补全图片（你会在下面看到几个学生的绘图）。甚至劳森以四选一的方式，要求他们选出正确的图片时，这些学生也并没有表现得更好。许多学生选择了前后轮都缠有链条的图片，在这种结构下车轮是不可能转动的。即便是专业骑手在这一看似简单的问题上也远远拿不了满分。对于平日里司空见惯的物件，甚至那些每次使用都觉得其原理显而易见的东西，我们的理解竟是如此粗浅。

我们究竟有多无知

因此，我们对自身知识量的高估正暗示了我们比想象中更加无知。但我们究竟有多无知呢？知识量是否有可能被估算呢？托马斯·兰道尔（Thomas Landauer）试图为此寻找答案。

兰道尔是认知科学的先驱，曾任职于哈佛大学、达特茅斯大学、斯坦福大学和普林斯顿大学，并倾 25 年之久试图将其独到见解应用于贝尔实验室。他的研究起步于 20 世纪 60 年代，正逢认知科学家们将人脑视为电脑的时代。当时，认知科学领域与现代计算机一同崭露头角。如我们所知，拥有非凡数学头脑的约翰 · 冯 · 诺依曼（John von Neumann）和艾伦 · 图灵（Alan Turing）奠定了计算机技术的基础，于是问题来了，人类心智的运作是否也遵循相同的原理。计算机配有一个由中央处理器运行的操作系统，按照一系列规则读取和写入一个数字存储器。早期的认知科学家认为，与计算机相比，人脑并没有什么不同。计算机的运作程序被视为认知执行模式的一种暗喻。思维被当作一种在人们脑中运行的电脑程序。让艾伦 · 图灵声名鹊起的原因之一就是他把这种想法发挥到了极致。如果人脑像电脑一样工作，那么人类所能做的一切都可以由电脑程序实现。受此鼓舞，图灵于 1950 年发表了经典论文《计算机器与智能》（*Computing Machinery and Intelligence*），对“机器会思考吗”[5]这一问题做出解答。

20 世纪 80 年代，兰道尔[6]决定用与计算机内存相同的衡量标准来衡量人类的记忆容量。当我们撰写此书时，一台笔记本电脑的长期储存空间为 250—500GB①。兰道尔使用了几种巧妙的手法以测量人们的知识量。例如，他估计了成年人的平均词汇量并计算出储存这些信息所需的字节数量，并用这一结果推算了成年人的平均知识量，其结果是 0.5GB。

---

① 1GB=2^{30} 字节。——编者注

兰道尔也用其他完全不同的方法测算过。在许多心理学实验中，受试者都被要求读文本，看图片，听字词（实义词或无意义的音节）、句子或一小段音乐。几分钟乃至几周之后，心理学家对受试者们的记忆进行测试。一种方法是要求人们再现他们当初接收到的原始材料。这是一种令人精疲力竭的记忆力测试。你觉得你现在能立刻复述出一段几周前仅听过一次的短文吗？兰道尔分析了一些对人们而言稍显轻松的实验。这些实验更像识别测试，只要受试者能够指出新展示的内容（常常是一幅图片、一个单词或一小段音乐）是否在此前出现过即可。其中一些实验会出示几个选项让受试者选出哪个他们之前见过。这是一种极易受到影响的测试方法，即使记忆力不尽理想，受试者也能有不错的表现。兰道尔通过实验组和对照组在识别表现上的差异来推测人们究竟记住了多少。这一差异在理论上等同于我们所能获取记忆的多少。

兰道尔这一方法的绝妙之处在于，他依据起初是否接收过认知材料区分出哪些是对记忆的测量（两组间识别表现的差异）。这使他得知人们记住他们先前习得的信息的速度是多少。测量时，他也找到了一种方法，能够把遗忘的因素考虑进去。若不计实验程序细节或认知材料类型的差异，兰道尔的分析结果毫无疑问地显示出人们汲取信息的速度并无太大差异。无论认知材料以何种方式呈现，比如视觉、语音或音乐，习得的速度都大致相同。[7]

接下来，兰道尔计算了人们究竟掌握多少信息，即人脑的知识库到底有多大。假设人们在 70 年的寿命中这一习得知识的速度始终恒定，他所尝试过的每一种测量方法大都指向同一个答案：1GB。

兰道尔并未宣称这一结果是准确无误的。但即使把这个数字乘上 10 倍，即使人们的记忆储量能增加到 10GB，它仍小得微不足道。这和一台现代笔记本电脑的内存比起来不过是九牛一毛。但人类本就不是堆砌知识的仓库。

从某种角度看，这简直骇人听闻。作为健全的成年人，我们居然学会了这么多东西。我们居然能看懂新闻，不会觉得晕头转向，理不清头绪。我们居然能围绕好几个不同领域的话题高谈阔论。看《危险边缘》（*Jeopardy!*）[8] 的时候，我们冷不丁还能猜对几道题。我们都至少会说一种语言。毫无疑问，我们知道的远不止背包里那个小机器的存储量的几百分之一。

但是，如果你对人脑等于电脑的说法不买账，那就没什么好震惊的了。如果心智模式是机械的，只能将信息编码和储存在记忆体中，那么当你需要面对的是如此纷繁复杂的世界时，它就黔驴技穷了。一味追求大存储量的记忆体是徒劳的，因为我们的记忆不可能穷尽这个世界。

认知科学家对于用计算机类比人脑的暗喻不屑一顾。不过它并非一无是处。某些情况下当人们慢条斯理且小心翼翼地思考时——当他们对每一步都深思熟虑而非凭直觉贸然行事时——确实像计算机程序在运行。但绝大多数时候，认知科学家还是热衷于指出人脑与电脑的区别。深思熟虑只占我们思维运转的一小部分罢了。大多数认知过程都是潜意识下的直觉思维的产物。认知意味着要同时处理海量的信息。例如，当人们绞尽脑汁搜寻某一词语时，我们不会逐一排查，相反地，我们将搜遍整部字典——我们头脑中的字典——与此同时，目标词也会浮现在脑海中。这可不是早年间冯·诺依曼和图灵构想的计算机和认知科学能应付的运算。[9]

更重要的是，人脑不像电脑一样只依赖一个中央处理器，用写入和读取记忆的方式思考。正如我们稍后将在本书中详细讨论的那样，人们的思考还依赖于他们的躯体，他们身处的世界，以及其他人的心智。若要把我们对这世界的所知全部装进脑袋，实在是异想天开。

为了说明这个世界究竟有多么复杂，不妨考虑一下复杂性的几种来源。有些人造物因设计而复杂。据丰田汽车称，现代汽车约包含三万个部件。[10]但它们真正的复杂性并不在于部件的数量，而是这些部件有多少种设计方案以及有多少种组装方式。试想一名汽车设计师需要考虑的一切：外观、动力、效能、触感、可靠性、尺寸、安全性等。除了上述人尽皆知的因素外，预估和评测汽车的震动是现代汽车设计制造的重要环节，因为这决定了一部车将会多么吵及多么晃。设计师通常会替换某些部件以调试车辆的震动特性。如今，汽车被设计得如此复杂，以致十几岁的孩子们无法再一掀开发动机罩就可以拿着扳手敲打摆弄一番。修理现代汽车需要接受大量的训练，调试汽车需要众多电子配件。年轻人不得不去找一台油腻腻的老爷车，只有那样的引擎才简单得足以让业余修理匠上手。甚至，连专业技师都在抱怨维修车辆早就轮不到他们插手了，他们不过是遵照电脑程序的提示更换组件而已。

从飞机到钟控收音机，你可以把上述说法套用在任何现代技术上。现代飞机如此复杂以至没人能完全弄懂它们。更准确地说，不同的人了解它们的一些不同方面。有些人是飞行动力学专家，有些人则专攻导航系统。一些人负责弄懂喷气式引擎，而另一些了解人体工程学谙熟座椅设计的人，让航空公司得以有效地把经济舱塞得像桶装薯片。还有诸如钟控收音机和咖啡机这样的现代家用器具也太过复杂，以至当它们损坏时都不值得被送修。我们直接弃旧换新了。

人造物的复杂性同自然界的复杂程度比起来算是小巫见大巫了。一旦你凑近仔细查看便会发现，岩石和矿物比它们看上去可复杂多了。科学家至今无法完全解释黑洞的原理，甚至为什么冰是滑的等自然现象。但如果你当真想体验一下复杂性，请翻开一本生物学教科书吧。哪怕只是像癌细胞[11]一样的微观生物，都需要成百上千位科学家和医生共同努力，研究它们的本质、变异、繁殖和死亡的原因，以及怎么在正常细胞里把它们辨认出来。倘若科学和医学能回答这些问题，人类将摆脱这被统称为“癌症”的瘟神之扰。科学与医学不断发展，但还是有许多癌细胞“逍遥法外”。

复杂性随着多细胞生物的出现而成倍上升。举个极端的例子吧，试想一下神经系统，连一只海参都有 18 000 个神经元。按照渐进的标准，果蝇和龙虾都聪慧过人，它们大概有超过 10 万个神经元来处理信息。蜜蜂有将近 100 万个神经元在工作。这样算来，哺乳动物的复杂性已经达到另外一个范畴了。老鼠约有两亿个神经元，猫有近 10 亿个，而人类则在 1 000 亿个左右。大脑皮层是大脑最近才被开发的部分，有大约 200 亿个神经元，其复杂性正是人类区别于其他动物之处。大脑还真是纷繁忙碌，一秒都不停歇。

不论我们脑中有多少细胞，它们仍不足以将我们所见所闻的点点滴滴都保留下来。世界的复杂性深不可测。而具有讽刺意味的是，要说哪个系统复杂得难以被充分理解，大脑恰好是个完美的例子。当你面对的是像大脑这样庞大的系统时，别指望你能洞悉一切。尽管如此，在过去的几十年中，神经科学家还是在解释单个神经元如何运作，以及描述由数百万神经元组成的大规模脑功能区方面取得了长足的进步。他们发现了脑内的许多系统，认知神经学家则深入探究这些系统如何与不同官能建立联系。至今，我们所知最多的大概要数视觉了。科学家了解光线如何进入眼睛，如何被转化为大脑活化，并在枕叶的哪个位置解析为其在现实世界代表的意义（如运动、方向和色彩）。我们还知道活化哪里可以辨认物体（颞叶）并找到它们（顶叶）。

但是，神经科学家对于大脑作为一个复杂的整体如何反应和计算所知甚少。科学家仍致力于弄清楚什么是我们与生俱来的，什么又是我们后天习得的，什么会被我们遗忘且忘得有多快，意识的本质是什么以及意识因何而存在，情绪是什么以及我们能在多大程度上控制情绪，以及人们（包括婴儿）如何看清他人的意图。进化创造了如此复杂的大脑，以至我们都意识不到其复杂性的全部所在。

科学家尽力探索的另一个复杂系统当属天气。气象学家在天气预报[12]方面已取得长足进步。许多极端天气现象数日前即可被预测，这在10年或20年前简直就是天方夜谭。我们称其为短期预报。它的进步归功于海量数据，更完善的天气模型以及更快的电脑运算速度。这是一项无与伦比的进步。像前面提到的大脑一样，天气是个极度复杂的系统，变幻莫测的因素多得难以想象而结果又与这些因素的复杂互动密切相关。你今天所处位置的天气取决于近期光照、海拔、是否与山脉为邻、有无大面积水体储热或吸热，附近地区有无恶劣天气（如飓风和雷雨），以及周遭的气压分布情况。[13]

将这些信息汇集并统整为一份天气预报并非易事。事实上，气象学家仍无法做出具体的预测，例如下一个龙卷风的魔爪会伸向哪里。此外，长期天气预报还有很长的路要走（或许永远无法实现）。几日之内的天气预报你尚可相信一二（只要你能接受“意外之喜”），但别指望当地的气象学家能把几周后的天气状况告诉你。我们确实能够把握气候正在发生的长期变化，但针对气候变化的研究在预测具体的短期天气事件方面并无助益。我们知道由于气候变化，极端天气事件将有增无减，但具体会发生什么、发生在哪里，我们就无从得知了。

有些我们试图了解的东西是无限复杂的，即使在理论上都无法被理解。例如你正准备去参加一个同学聚会，并试图预测会不会撞见昔日的男 / 女朋友。假设你与他 / 她已失去联系多年，你还是能够依据一些基本事实做出预测，比如通常情况下谁来参加这类聚会的可能性比较大。朋友或许会透露一些参加人员的情报。你还可以基于印象中前男 / 女朋友过去合不合群或念旧与否做出预测。你做不到的是基于具体事实的预测，如这个人是不是住得太远或无法负担旅费，或已经不在人世了。此人可能已婚或离异。他 / 她或许已为人父母，照料着一个或两个，甚至 8 个孩子，可能从事过各行各业，也说不定曾在监狱服过刑。事实上，他 / 她的人生轨迹有无限种可能，只是我们无从知晓。

军事战略家谙熟此类问题。无论你对各个方向的进攻防守得多么周详，敌人还是可能从其他地方冒出来，有些在意料之中（从陆上或海上进攻），但还有很多出人意料（从地下挖隧道或藏在城门外的木马里）。由于敌人势必不想让你猜到他们会从何处进攻，意料之外的情况恐怕更有可能发生。[14]

我们要预测的往往不只小概率事件，甚至还包括那些连我们自己都说不清到底该不该列入考虑范围的事情。唐纳德·拉姆斯菲尔德（Donald Rumsfeld）曾分别在杰拉尔德·福特（Gerald Ford）和乔治·W. 布什（George W. Bush）任职美国总统期间出任国防部长。他的著名言论之一是关于区分无知的几个层次：

> 知道自己知道，这指的是我们对自己已知什么心知肚明；知道自己不知道，这是说，我们对自己不知道什么有自知之明；还有不知道自己不知道，指的是我们对未知的愚昧无知。

“知道自己不知道”尚属可控。这或许有点麻烦，但至少有迹可循。如果军方已知会遭到攻击但不知时间和方位，那么可以安排部队进入警戒、准备武器并让一切尽可能保持机动状态。2001年年初，警方已获悉纽约世界贸易中心是中东恐怖分子的攻击目标。毕竟，它在1993年即遭受过爆炸袭击，造成6人死亡，千余人受伤。自从知道世界贸易中心被锁定后，警方从多方面加强了安保措施，例如增加警卫和设置车障。

但真正的罪魁祸首是“不知道自己不知道”。当你漫无目的时，怎能不手足无措？谁能想到民航客机会被当作炸弹于2001年9月

11 日撞上世界贸易中心？此次袭击改变了美国的国土安全概念，并开启了一连串灾难性的中东事件，包括发生于阿富汗、伊拉克和叙利亚的几次大战，以及关于新兴恐怖组织的定义。

不只军事家长期为“不知道自己不知道”所扰，它也是我们每个人都必须面对的。股票交易有风险，因为谁也料想不到什么时候会有突发事件导致股市低迷。2011 年，作为日本股票市场的指示灯，日本日经指数在一场大地震和接踵而至的海啸之后下跌了 1.7%。“不知道自己不知道”还会在飞来横祸或者横财时把家里翻个底朝天（例如在后院挖宝藏）。“不知道自己不知道”总是难以被预测却又接二连三地发生。

要知道，巨大的复杂性不会因为你凑近去仔细琢磨就会被肢解简化。在数学领域，具有此类属性的现象被称为分形。就像是众木成林，众枝成木，众叶成枝，而且树叶自身还有血管似的复杂分支毛细管结构。如果你能一瞥高倍显微镜下的毛细管，宛如细胞层次的复杂结构即映入眼帘。分形能在你看得到的每一层级维持其复杂性。自然界众生万物都遵从分形模式。海岸线就是个典型的例子。乘坐客机从三万英尺高空俯瞰英国海岸，你将看到一条参差不齐的轮廓，勾勒出陆地与海洋的楚河汉界。无论离得多么近，那条锯齿状的边缘线依然清晰可见。即使你正身处海滩之上，只要手持放大镜盯着一块水边的岩石，就能看到那似曾相识的锯齿状边缘。看得越仔细只会发现问题越多。待解之事总是没完没了。

即使是简单的日常物品，其每个侧面都可以引入分形式的复杂性。例如，为了完全了解发夹，我们需要穷尽它的所有用途和潜在用途：它由哪些材料制成，这些原材料产自哪里，每一种原料在制造发夹中如何发挥作用，发夹在哪里出售，以及谁会买发夹。此外，为了充分领会上述每一个问题的答案，又需要提出更多的问题。要充分了解发夹的消费人群就需要展开关于发型的分析，相应地，之后便是对时尚及深层社会结构的分析。计算机科学家称这种不断增长的信息需求为组合激增（combinatorial explosion）。想要全部地理解，势必要了解更多，而且每一项待解之事的组合将很快使你不堪重负，于是，系统崩溃。

另一种证明世界复杂性高深莫测的数学工具是混沌理论（chaos theory）。在混沌系统中，差之毫厘，失之千里。众所周知的比喻是，中国的蝴蝶扇扇翅膀，美国便飓风肆虐。在混沌系统中，微小的差异会被放大，就像跌落悬崖的速度是平时下山速度的放大版。斯蒂芬·杰伊·古尔德（Stephen Jay Gould）这样诠释混沌理论如何将复杂性引入历史研究："一开始没来由的小小异动引发的后果如瀑布般倾泻而出，回首一切，恍然间有种命中注定之感。起初哪怕只是轻轻一推，历史的车轮就会驶入不同的轨道，从这一点开始即分道扬镳。始于微不足道的改变，终于大相径庭的结局。"[15] 古尔德对过往事件的不可避免性的观察结论，正是对人类无知的深刻洞见。我们只是意识不到事情是如何发生的罢了。

错觉的诱惑

我们已看到，人类的无知如此出乎预料，比他们自认为的还要无知得多。我们还看到，世界的复杂性也如此出乎意料，比任何人想到的都还要复杂得多。那么，如此无知的我们为什么没有被这样的复杂性打败甚至全军覆没呢？对浩瀚世界只有微小认识的我们居然也能从容应对，还表现出一副学识渊博的样子，这又是为什么呢？

答案是我们都在自欺欺人。我们高估对事物运行规则的理解能力，即使一窍不通也笃信自己无所不能，对复杂性视而不见。我们说服自己相信一切尽在掌握，哪怕事实并非如此，我们还用所谓的知识和信条将观点和行为合理化，把它们包装得冠冕堂皇。我们否认复杂性，聊以慰藉。这正是理解的错觉。

我们都听过小孩子们一遍一遍地问“为什么”，直到被他们缠着的大人们说出“答案”。孩子们隐隐察觉到了事物的复杂性，大人解释得越深入就引出孩子们越多疑问。一种关于解释性深度错觉的说法是，成年人忘记了事情是多么复杂而决定不再发问。由于我们不曾意识到这个决定让我们不再刨根问底，结果我们一直认为，我们对事物如何运转的理解比实际上要深入。

最后，我们将要探讨一个更深层次的问题。与其纠结我们该如何在复杂性面前卑躬屈膝，不如谈谈如何对付它、掌控它。无知的人类何以取得今日之成就？事实上，我们已经在认知劳动分化方面成绩斐然。但想要了解我们如何共享知识，首先还得从个体如何思考说起。

第二章 我们为什么思考

你想拥有更好的记忆力吗？你想要完美的记忆力吗？这听起来很棒，是不是？

伟大的阿根廷作家豪尔赫·路易斯·博尔赫斯（Jorge Luis Borges）在他出色的短篇小说《博闻强记的富内斯》（*Funes the Memorious*）中描写了一位生活在乌拉圭边境小镇弗赖本托斯的青年。他对亲历的点点滴滴有着过目不忘的记忆力[1]：

> 我们一眼望去，可以看到放在桌子上的三个酒杯；富内斯却能看到一株葡萄藤所有的枝条、一串串的果实和每一颗葡萄。他记得1882年4月30日黎明时南面朝霞的景象，并且在记忆中同他只见过一次的一本皮面精装书的纹理比较，同凯布拉卓暴乱前夕船桨在内格罗河激起的涟漪比较。那些并不是单纯的回忆；每一个视觉形象都和肌肉、寒暖等等的感觉有联系。他能够再现所有的梦境。他曾经两三次再现一整天的情况；从不含糊，但每次都需要一整天时间。①

① 豪尔赫·路易斯·博尔赫斯．杜撰集[M]．王永年，译．上海：上海译文出版社，2015.

这听起来简直像任何一位货真价实的超级英雄所拥有的超能力一样，虽还不足以离奇到被有放射性的蜘蛛咬上一口，或被伽马射线击中，但富内斯的故事事出有因：他卓越的记忆力始于一次从马背上跌落导致头部受创的遭遇。

博尔赫斯因其融离奇想象于日常生活的编剧手法而闻名，因此富内斯的故事直到近年仍被认为是虚构的奇幻小说。但在 2006 年，加州大学欧文分校的伊丽莎白·帕克（Elizabeth Parker）、拉里·卡希尔（Larry Cahill）与南加州大学的詹姆斯·麦高（James McGaugh）共同发表了一项惊人的病例研究，其病人代号为 AJ。[2] AJ 几乎就是富内斯的翻版。她能记住她日常生活中经历的每一件事，从一日三餐到每一次社交活动。

她在电子邮件中向麦高解释道：

> 我今年 34 岁，自 11 岁起，我便拥有了这种不仅仅是回想起某件事情，而且是一种令人难以置信的能够再现过往经历的能力。我的第一个记忆还是婴儿床里那个蹒跚学步的孩子（大约在 1967 年），然而，从 1974 年至今，随便挑一天，我都能说出那天是星期几，我干了些什么以及当天发生的任何意义重大的事情……这些我都能描述给你听。我不用预先查看日历，24 年来的日记都装在我的脑子里。每当一个日期在电视上（或任何其他地方）闪过，我便不由自主地回忆起那一天并记起当时我身在何处，在做什么，那一天怎么开始，接下去又如何，永无休止。

这种情形被称为超忆症，或超常自传性记忆。此症状极其罕见，患病率屈指可数。

我们大多数人连钥匙放在哪儿都记不住，因此 AJ 所拥有的能力堪称奇迹。但是，或许我们不必为此震惊不已。从计算机角度来讲，储存是个相对容易解决的问题。计算机一经问世，我们立即学会了如何高效地储存大量信息，同时，计算机的存储量也成指数级增长。时至今日，1TB① 的 U 盘（闪存盘）在亚马逊网站上的售价还不到 100 美元。[3] 它那约与一包口香糖等大的体积可以容纳 200 万册与本书相当的文本，或 20 万首歌曲，或 31 万张照片。

如果计算机能够保存这么多信息，那么你或许希望人类的大脑也做得到。诚然，超忆症存在的事实显示出大脑有潜力成为储存细节的宝库。为什么不是每个人都具备这种能力呢？

原因在于大脑并非电脑工程师设计出来的。演化的推力塑造了我们的大脑以解决某些特定的问题，而死记硬背一大堆细节对此并无帮助。博尔赫斯体悟到了这一点。我们来看看他怎样运用高水准又令人叹服的文字借富内斯之口描述这种能力：

> 我一个人的回忆抵得上开天辟地以来所有人的回忆的总和……我睡觉时就像你们清醒时一样。②

下一句稍逊色了些：

---

① 1TB=2^{40} 字节。——编者注

② 豪尔赫·路易斯·博尔赫斯．杜撰集 [M]. 王永年，译．上海：上海译文出版社，2015.

> 先生，我的记忆简直像一大堆垃圾。

在AJ的经验中，她的“超能力”也并不总是令人艳羡。超忆症在她看来是个沉重的负担：

> 它一刻不停，完全不受控制，把我折腾得精疲力竭。有些人叫我活日历，当别人的脑袋已经塞得满满的，而发现我有这项“天赋”时，都是满脸惊讶。接着他们开始丢出一个一个日期试图难住我……但我从没被问倒过。大多数人会把这叫作上天的馈赠，可对我来说却是个包袱。每天，我的一生都像过电影一样穿梭在脑海里，这简直快把我逼疯了!!!

类似的情况并非只有AJ一人。2013年，美国国家公共广播电台[4]报道了55位已被确诊的超忆症个案，其中大多数患者都被抑郁症困扰。

要理解为什么过目不忘并非幸事，我们得从头开始仔细考虑我们思考的目的。思维究竟是为了解决什么问题而存在的?

一个好大脑

几乎所有动物都有大脑。神经元是动物从其他生命体分化出来时最早的适应性之一。甚至那些尚不具备完全结构化的大脑的动物也有神经系统，有神经网络协同处理信息。但植物就没有大脑，没有一种植物演化出能组成网络处理信息的细胞。

动物与植物之间千差万别，但最根本的差异在于动物能够做出一些复杂精巧的动作，它们能够以多种方式应对所处的环境。诚然，植物也有异常复杂和迷人的一面（一种名为重楼百合[5]的植物，其基因组是人类的50倍之多），但它们终生与复杂行为无缘。这就是为什么砍倒一棵树或摘下一朵花是如此轻而易举，它们对此毫无反抗能力。植物当然也在演化中找到了不要求复杂行为的生态位。光合作用无疑是它们演化之路上最重大的壮举。我们动物若是晒晒太阳就能获得营养供给，那生活可就完全是另外一番样貌了。

部分植物具备一些原始的行为能力。许多植物能转动叶片朝向太阳，有些能攀附其他物体作为支撑，有些甚至会自行收缩以避免被碰触。关于植物似乎也有着“动物般”的行为能力这一点，我们最津津乐道的例子莫过于食肉的捕蝇草。[6]捕蝇草生长的土壤环境缺乏某些特定的关键营养素。为了获得这些营养，它们已经演化出了诱捕并消化昆虫的能力。它们所使用的猎捕机制堪称自然界的奇迹：它们有两瓣裂片状的叶子，能分泌花蜜，会在吸引小虫进入后迅速合拢。当叶片顶部的毛状触发器收到刺激信号时，闭合动作即被触发。这一系列物理和化学反应促使叶片合拢并分泌消化酶。

这种机械式的猎食手法反映出捕蝇草还不够聪明。演化给它们提供了一些避免严重错误的机制。例如，它们的毛状触发器必须在短时间内连续接收到两次刺激信号，叶片才会闭合。这使捕蝇草得以区分落入其中的究竟是昆虫还是雨滴或无意义的碎屑。不过，它们还是太容易被欺骗了。

你可以把捕蝇草看作一种信息处理系统。来自环境的刺激被转换成闭合与否的信号。信号的处理历经一系列相当复杂的机械式过程。值得注意的是，信息处理发生于植物自身的内部机制之中。重新安排和改变这些机制以处理不同的信息几乎是不可能的。捕蝇草的猎捕机制在闭合时机方面已演化到了登峰造极的地步。进化已经不能让其做得更复杂了。

我们之前提到过几乎所有的动物都有大脑。不过，海绵倒是个例外。因此，海绵作为唯一没有行为能力的动物也就不足为奇了。它一动不动地坐在海底，以从海水和其他生物的排泄物中过滤出的营养作为供给。这样的日子索然无味（尽管我们怀疑海绵其实挺乐在其中的）。

一旦动物发展出神经元和神经系统，其行为的复杂性骤然猛增。这是因为，作为一个弹性系统的基石，神经元的演进使这一系统能够编写越来越复杂的信息处理算法。

以原始水母①为例，它有着动物界最低级的一种神经系统，甚至称不上是个真正的大脑。[7] 水母只有约 800 个神经元，但它们的行为本质上比捕蝇草复杂精妙得多。它们能够对水中的盐度做出反应，以触角为武器进行简单的猎捕行为，并把囊中之物塞进嘴巴，原始水母也自有逃避掠食者的独门绝技。但是，我们也不要对原始水母的能力过分夸大，水母大多数情况下也不过是在水中四处游荡而已。

---

① 这里的原始水母（lowly jellyfish）与今天通俗意义上属刺细胞动物门的水母（Cnidaria）不同，是栉水母动物门（Ctenophora）的物种。二者有相似的习性和生态位，但栉水母的网状神经系统和肌肉系统发育早于水母，故在本文中以“原始水母”称之。——译者注

只要稍稍增大一点脑容量，奇迹就发生了。在神经元数量逾千的动物身上我们已经能够看到真正称得上复杂的行为了，比如飞行和运动。神经元数量达百万以上的动物，如老鼠，已经具备导航和筑巢能力了。拥有数以亿计的神经元的人类，创作交响乐和制造宇宙飞船已不在话下。

明察秋毫的大脑

若你曾在五、六月份的月圆之夜去过新英格兰海滩，你将有机会领略一个不可多得的盛况：大西洋马蹄蟹，即美洲鲎的交配。马蹄蟹全年生活在海洋里，但届时会成群结队地涌向海滩寻找配偶并产卵繁殖。经当地志愿者计算，在 2012 年的特拉华湾，一夜之间即有 157 016 只马蹄蟹喜结连理。

马蹄蟹的求偶之舞已经跳了 4.5 亿年之久。说得更形象一点，它在地球上的历史是现代人的 2 250 倍之多。马蹄蟹这一物种难以置信的长寿应该做何解释？它们具备哪些能力，它们的大脑如何让这些能力得以实现？

霍尔丹·哈特兰（Haldan Hartline）[9] 是一位生理学家，因对于上述问题有所创见而获得 1967 年的诺贝尔奖。有时，平凡中的机缘巧合往往引出最了不起的科学发现。哈特兰曾任职的宾夕法尼亚大学与东海岸的海滩相去不远。哈特兰因地利之便在五、六月间的满月之夜前往海滩收集尽可能多的标本带回实验室。

马蹄蟹相对简单的大脑构造让科学家得以确凿地分辨出里面究

竟发生了什么。就像我们在前一章节中看到的那样，通常情况下，大脑实在高深莫测。由于其复杂性，人脑的许多功能至今仍是未解之谜。马蹄蟹的“头脑简单”使它成为脑生理学研究的绝佳工具。时至今日，它仍是自然界中被研究得最完善透彻的神经系统之一。马蹄蟹的脑分为几个功能区，其中视觉感知占据要席，也是哈特兰研究的重点。

马蹄蟹的两只复眼位于甲壳两侧。每只眼睛由被称为小眼的约800个感光细胞组成。当受到光照刺激时，每只小眼向大脑传递信号，反馈光的强度。因此，本质上，马蹄蟹的视觉系统绘制了一幅关于眼睛进光强度的地图。

哈特兰发现的关键在于，马蹄蟹脑中的地图并非是对外界环境光源一丝不差的反映。相反地，光线强度的信息以非常系统化的方式被转化。当一个强信号从某只复眼的一个小眼传入时，其他邻近区域的信号即被削弱。这被称为侧向抑制。侧向抑制的一大成效在于它制造了视觉输入上的反差，使亮区从暗区中脱颖而出。这与信号处理算法有异曲同工之妙，后者被用于修复因时光流逝渐渐褪色且对比度下降的老旧影像。对马蹄蟹而言，侧向抑制的成果即放大光线地图上相对进光最强的区域。

哈特兰的研究引出许多新问题，但或许最不容忽视的议题是马蹄蟹为何会发展出这种能力？视觉输入对比度的增强对其有何益处？

1982年，一支由哈特兰的学生罗伯特·巴洛（Robert Barlow）[10]带领的实验团队着手解答这个疑问。演化决定了交配乃头等大事

（我们自知人类也深有同感）。巴洛的发现表明马蹄蟹视觉系统的侧向抑制机制对求偶交配至关重要。巴洛制造了一些形状、颜色各异的注水泥套管，并在交配季节将它们置于海滩上。就像捕蝇草一样，事实证明，雄性马蹄蟹也不够聪明。它们不断地试图和这些注水泥套管交配。更无可救药的是，它们的浪漫序曲主要都献给了那些无论形状还是与沙子的对比度都更近似雌性马蹄蟹的套管。这表明，视觉使它们寻得佳偶，帮助它们分辨出那些最有可能是雌马蹄蟹的目标对象。

想象一下，一只雄马蹄蟹爬上海岸，它的首要目标是尽快找到一只可以交配的雌性。它或许不曾从海滩的这个位置上岸。天空可能阴沉沉的或乌云密布，还有密密麻麻的海草或浮木遮挡视线。其他雄性马蹄蟹也成群结队地怀着相同的目标蜂拥而至，更糟糕的是，这片海滩僧多粥少。因此，迅速识别并定位那些未交配的雌性，决定了能否成功传宗接代。此时，侧向抑制的优势开始显现。增强对比将使那些雌马蹄蟹秀色可餐的黝黑甲壳从杂乱的背景色中凸显出来。在侧向抑制方面出类拔萃的雄马蹄蟹将最有机会成为幸运儿。

马蹄蟹用眼睛处理来自外界环境的信息，以在寻找伴侣时略占优势。该信息处理能力使它们不至于被光线不足或沙滩上的海草等环境干扰骗得团团转。这有助于雄马蹄蟹在无论何种视觉条件下寻找雌蟹。尽管如此，马蹄蟹还是很容易上彩色水泥块的当，因为它所针对的反应目标的属性太过单一。任何只要看起来像雌马蹄蟹的东西都可能具备这种属性，即使这种东西不是雌性的。

大脑变得越来越大，也越来越复杂，其运作逐渐摆脱外界环境的影响。为了说得更清楚，我们先从面部识别谈起吧。人类是辨别面孔的行家里手。这可不是个简单的信息处理问题。粗略看来，我们的长相大同小异，我们的体型非常相似，两只眼睛、一个鼻子、一张嘴巴都长在差不多的位置。但是，人类能够区分数千张几乎差别甚微的面孔。更具挑战性的是，我们必须有能力在多种不同情境下识别出同一张面孔。每当我们看到一张面孔时，视角会挪移，妆容或胡须会变化，连打光位置的轻微差异都会投出不一样的阴影。如果大脑只依靠眼部的感官输入辨识面孔，我们将一败涂地。

最近，我们在丹尼·德维托（Danny DeVito）的高中纪念册上看到一张（居然十分帅气的）毕业照。[11] 这张照片最引人瞩目之处在于，它很显然就是丹尼·德维托。如果你把它放在丹尼·德维托的近照旁边比对，你很难找出两张照片在视觉上的相似之处。但我们就是看得出来它们是同一个人。我们是如何做到这一点的？

答案是，面部处理系统从每个我们所见的角度精密地提取了一张面孔的深层属性，我们可以据此从其他人脸中辨识出某一个。如果丹尼·德维托有一道疤痕或其他不寻常的特征，这或许会容易些。只要这个疤痕大得足以在任何光线条件下都可见，任何化妆术都无法遮挡，而且从任何角度看去都一览无余。但是他没有疤痕，因此我们的面部识别系统[12]不得不仰赖更抽象的，让丹尼·德维托看起来像丹尼·德维托的属性。例如，不同特征的相对位置是进行人脸感知的关键要素。人类可以侦测到瞳距或口、鼻、目纵向相对位置的细微变化。[13]

上述对人脸感知的解释同样适用于所有知觉类型。变得聪明即意味着有能力从感官接收到的信息洪流中攫取更深层、更抽象的信息。不同于单纯地对周遭的光线、声音和气味做出反应，动物拥有复杂而巨大的大脑，提取出它们所感知到的这个世界中深邃而玄妙的部分。这使它们得以在新情境中甄别出极其细微而复杂的相似与差异，进而在哪怕全新的环境中都游刃有余。

更深层、更抽象的信息之所以大有助益，是因为它们能够被用于从无限可能的排列组合中提取出那些我们感兴趣的部分，而不用管这些兴趣点是怎么产生的。这些抽象信息为我们所用，比如，识别熟悉的旋律。你一听到勃拉姆斯的《摇篮曲》，无论音色高低，用什么乐器演奏，哪怕几个音符错了，你都可以认出它。不管让我们识别出这熟悉曲调的机制是什么，它绝非过去在某个特定场景中听过这个调子的记忆，而是某种非常抽象的东西。我们无时无刻不在仰赖这种抽象信息辨别事物，却浑然不觉。

富内斯的诅咒

即便是出于想象，博尔赫斯也已经知道过目不忘与心智最好的功能——抽象思考之间的矛盾。这就是为什么富内斯说自己的脑袋像个垃圾堆。它塞满了无用之物，以致无法归纳和理解。譬如，在富内斯看来，他见过的所有四条腿毛茸茸的生物都是同一种动物：

我们不能忘记，富内斯几乎不会进行一般的、纯理论的思

> 考。他非但难以理解“狗”这个共性符号包括不同大小、不同形状、各式各样、数量巨大的狗，而且，令他感到困扰的是，从侧面看其编号为 3–14 的狗，名称会和从正面看其编号为 3–15 的狗一样。[①]

我们大多数人并非超忆症患者，因为这种特质对在演化中成功存活下来毫无帮助。心智忙着通过提取精华摒弃无用来做出行为选择。事无巨细的记忆阻碍了对更深层本质的聚焦，即那些能让我们辨识出新、旧情形相似之处并做出有效行动的通则。

关于心智因何而生的理论层出不穷。埃德加·赖斯·伯勒斯（Edgar Rice Burroughs）视泰山不同于其他猿类是基于他的推理能力（以及他会刮胡子）。有些人提出心智的演化是为语言服务的，或是为了适应社会互动、狩猎、觅食、导航或因应环境的变化。我们不反对上述想法。事实上，它们可能都是正确的，因为心智的演化实际上是为着一个包含又高于上述一切的目标，即为着有效的行动。智慧生物比之竞争者更有机会生存下来，是因为它们更善于采取那些能在短期和长期内受益的行动。这对于我们应该如何诠释思考意义非凡。

随着大脑变得越来越复杂，它们对环境中更深层、更抽象的线索也回应得更自如，这使它们对新环境的适应性前所未有的高。这对理解知识的错觉至关重要：储存细节无益于有效行动；通常，全

---

① 豪尔赫·路易斯·博尔赫斯 . 杜撰集 [M]. 王永年，译 . 上海：上海译文出版社，2015.

局概貌才是我们需要的。像在超忆症患者和《博闻强记的富内斯》这样的例子中，细节往往适得其反。

如果我们在另一个青睐其他类型能力而非偏好择取有效行为的环境中演化至今，人类心智的发展或将遵从一种迥异的逻辑。如果我们在一个鼓励赌博投机游戏的世界演化至今，对概率分布和统计法则的掌控绝对不在话下；如果我们在一个崇尚演绎推理的世界演化至今，说不定人人都是精于推演的史波克。但我们中的大多数在这两方面都是一团糟。相反地，我们演化至今的世界由逻辑行为主导，这也是为什么逻辑思维是人之所以为人的核心要件。在下一章中，我们将进一步剖析行动的逻辑是什么，以及这与其他类型的逻辑有何不同。

第三章 我们如何思考

本书的作者之一史蒂文有一只名叫卡西的狗。卡西和它的主人有很多共同点，其中之一便是如何对待食物。每到晚餐时分，我们都变得饥肠辘辘。卡西的解决之道就是蹲坐在它的食盆边等待佳肴到来。这主意其实还不错。毕竟，每晚差不多相同的时间点，当主人注意到它蹲在那儿就想起该喂食了。问题是如果恰好没人在厨房看到正守着食盆望眼欲穿的它，不幸的卡西就只好盼望下一餐有人能记起它还饿着呢。

史蒂文比卡西还是略胜一筹的。他会主动找寻食物的来源而不是在餐桌旁傻傻等待。由于家中的晚餐由史蒂文夫人掌勺，每到开饭前史蒂文便会对她“纠缠不休”。最终，为了结束这场“死缠烂打”，史蒂文夫人只好下厨准备二人的晚餐。只要史蒂文夫人有空，哪怕她并没有恰好在厨房看到馋猫一样的史蒂文，这一策略仍然奏效。诚然，史蒂文的方案也不臻完美。倘若史蒂文夫人外出或被丈夫衣来伸手饭来张口的作风惹恼，这点小伎俩也徒劳无益。

在卡西自己的小脑袋里，进食与进食地点之间已紧密相连，它的行为也正是拜这种关联所赐。但作为狗的主人，史蒂文则更深谋远虑：他发现了佳肴将临的因由（史蒂文夫人），并对症下药。卡西所针对的则是结果（食盆），也难怪它有时候要饿肚子了。治本而非治标在多数情况下都是极为有效的问题解决之道。如果你正被某种病症困扰，最好根治痼疾（因）而非仅仅满足于消除症状（果）。所谓“授人以鱼不如授之以渔”。

或许我们对卡西有些太过苛刻了。在心理学史上，俄国生理学先驱伊万·巴甫洛夫（Ivan Pavlov）于19世纪晚期进行的实验举世闻名，获学界瞩目长达数十年之久。实验表明了动物能够通过学习对任意刺激建立联系，例如铃声和食物。[1]巴甫洛夫发现狗在食物入口之前便已分泌了过量的唾液（人亦然）。因此，他通过狗唾液腺的分泌量测量它们对食物的渴望程度（大致就是狗流了多少口水）。实验中，巴甫洛夫固定在摇铃之后向狗投喂食物。之后，他发现狗只要听到铃声就会分泌唾液而无须有食物供应。他认为狗已将铃声与食物建立了联系，由此引发了相似的反应。此处的铃声可以换作任意刺激，只要它能被狗感知到。食物则是巴甫洛夫迎合狗的需求挑选的特定刺激。这一实验的前提是，他假设食物和铃声在狗的记忆中是任意且没有预先关联的。巴甫洛夫的发现获得了同人的认可：他于1904年荣获诺贝尔奖，其条件反射理论①作为行为主义的基石，统领了20世纪上半叶的心理学界。

在20世纪50年代，心理学家约翰·加西亚（John Garcia）开

① 在巴甫洛夫的实验中，一旦联系产生，原为中性刺激的铃声被称为制约刺激（conditioned stimulus），狗听到铃声分泌唾液的反应被称为条件反射（conditioned response）。这个联系被称为经典条件反射（classical conditioning）。——译者注

始质疑条件反射的任意性。在加西亚的一项研究[2]中，老鼠在实验中被施与了几种不同的配对刺激。老鼠先被置于噪声、闪光或有甜味的饮水三种情境中的一个。随后，它们又受到电击或经历胃痛（向其饮水中添加某种化合物所致）。老鼠很容易习得噪声、闪光与电击之间的联系，并把甜水和随之而来的胃痛联系在一起。但它们无法建立其他联系，噪声、闪光与胃痛，或甜水与电击之间并无因果关系。

制造闪光与触发电击的是同一机制。同理，饮用有添加剂的水——哪怕是甜味剂——仍是导致胃痛的潜在原因。这两种配对都带有因果关系，另外相反的两个配对则没有。甜水导致电击听起来匪夷所思，闪光引起胃痛也不合常理。老鼠能够习得具有因果关系的联系，但对任意性联系则无动于衷。加西亚的研究表明老鼠倾向于习得有因果意义的关系，而非任意联系。甚至可以说，老鼠也参与了一项简易的因果推理，这一推理让它们弄清楚痛苦不堪的可能原因。

如果老鼠能进行因果关系思考且依赖的不仅仅是简单的联想，想必这推论在狗身上也成立。条件反射并非生效于任意配对的刺激之间，它们只在联系具备某种潜在的因果意义时才生成。因此，我们要为丑化卡西的认知能力致歉。请允许我们对狗和它们因果思考的能力致以崇高的敬意。当然我们更敬重的，是人类的因果认知。

因果推理大师

人类乃这世界的因果推理大师。在粗糙的物质表面划一根火柴，下雨天出门没带伞，在天性敏感的同事面前说错了话，我们皆能预知将引发何种后果。以上这些都要求因果推理的能力。无一例外的是，我们先设想这世界处于某种状态，然后因为某项机制的操纵改变了初始状态。在第一个例子中，我们先想象一根火柴和一个粗糙的表面，接着想象用火柴摩擦糙面这个机制。我们已知该机制将产生火花且这些火花将引燃火柴头内的可燃物。在第二个例子中，我们设想外面在下雨但室内是干爽的。接着我们想象无数小水滴落在我们身上这样一个机制。基于对该机制的了解，我们预见衣服和头发将吸收一部分水滴而剩下的将会落在皮肤上。简而言之，我们会被淋湿。预测行为所基于的是因果性知识——那些关于机制如何运行的知识，这看似简单却要求我们对多种机制烂熟于心：在糙面上可以引燃火柴、被雨淋湿是附着了一层小水滴、觉得冷要盖厚毛毯、熊孩子要被大声批评才听话、打开电子设备要按电源按钮、棒球能够打碎玻璃窗、灌溉植物、踩下油门——这样的例子不胜枚举。我们熟知一大堆能导向既定结果的机制和原理。

而且我们不只熟悉它们，还熟知它们如何运行。如果火柴或摩擦面受潮，或是力道太轻或太重，火花都不会出现。如果披着雨衣或者雨势小得足以在落到身上后立即蒸发，我们都不会被淋湿。对每个耳熟能详的机制，我们都理解得足够深入，知道必须满足哪些条件，其机制导出的结果才能符合预期（只有当小孩子从对他的责备中感受到气愤而非玩笑时，他才会号啕大哭），以及哪些条件不过是虚张声势（你若是离得太远，他听不见你愤怒的批评，他当然不会哭了）。

还有一些其他类型的因果推理相对晦涩，不那么易于理解。解出 8 743 的立方根恐怕没那么简单；阐明量子力学谈何容易；你下次在内华达州里诺市赌博的胜算也很难猜透。就连里诺在洛杉矶的东边还是西边都不是个简单的问题（去查查看，答案会让你大吃一惊的）。我们不是样样精通的全能手。推论这世界的运行规则才是你我的强项，我们是天生的因果推理达人。而老鼠，碰巧也是这行当的怪杰。我们都是遵循相同规则演化至今的动物，除此以外谁还能生出如此智慧？

在上一章我们已了解到，思考的目的是在当前给定情境下选出最有效的行动方案。这要求我们能洞悉、识别那些深藏和贯穿在不同情势之中的恒量。人之所以为人，即在于我们能厘清那些深沉而稳定的特质，那些需要人类智慧才能辨识出的核心特质：从某人是否患有脑震荡或传染性疾病，到是不是该给汽车轮胎打气了。

截至目前，我们所讨论的例子都不过是蜻蜓点水而已。我们还尚未提及人类在预测战争结局、分析新健康保险方案的组织影响，甚至破解马桶工作原理方面的杰出才能。相较于其他类型的推理，我们的因果推理或许真的更胜一筹，但深度错觉还是说明了人类在个体层次上的局限性。

因果推理指的是我们试图用已知的因果机制对变化做出解释。它通过理性论证帮助我们预测“因”会结出怎样的“果”。这里有一些人们本能地参与因果推理的例证。试想以下故事中的问题。

一名说客暗中对一位参议员展开攻势：“如果你支持我的提案，下一年你就不用为资金发愁了。”在接下来的几个月里，当参议院吵得不可开交时，这位参议员是该法案坚定的支持者。故事说到这里，你认为这位参议员会在下一年度募款上花费多少时间?

这个问题回答起来并不困难。这位参议员显然更可能使用说客提供的经费，高枕无忧地品名酒、抽雪茄，而不是为筹款四处奔波。这个问题之所以如此容易回答是因为人类堪比一台推理机器。对所有未知或无法亲眼所见的事物，我们皆推测之。这一说客的故事是逻辑架构中被称作“肯定前件式的假言推理”的一个简单案例。如果使用符号，它可以表示为如下形式：

若A则B。

A成立。

因此B成立。

谁会反驳这样的说法呢？如果A意味着B，那么一旦你有A，就也有了B。这听起来就像你把一模一样的话说了两遍。但事实上，并非每一次真相都是如此显而易见。参议员有可能支持了提案但回绝了说客的资金。也或许是说客撒了谎。“果”是有可能不按套路出牌的。如“肯定前件式的假言推理”之类的逻辑架构在符号形式上看起来合情合理，可是一旦我们把它们放入有血有肉的现实情境中，可能就不那么顺理成章了，这是因为涉及因果关系的因素在不知不觉间被纳入考虑范围。[3]

许多逻辑架构看上去本就不怎么合理，有些论点也不如它们看上去那么合乎逻辑。我们来看下面这个例子。

如果我的内衣是蓝色的，那么我的袜子肯定是绿色的。

我的袜子确实是绿色的。

因此，我的内衣是蓝色的。

上述推理成立吗？大多数人会觉得没错，但回归逻辑的学理（即从逻辑命题的角度来解释），答案是：大错特错。这个推理犯了一种名为“以果证因”的逻辑谬误。

现在请来思考一个不仅有关事实真伪，还涉及因与果的论证。

如果我掉进下水道里，那么我将需要洗个澡。

我洗了个澡。

因此，我掉进了下水道里。

大多数人能看出这个例子的问题所在。“我洗了个澡”这一事实并不意味着我曾掉进下水道里，因为导致我去洗澡的原因远不止这一个。在这个例子中，第一条陈述是因果性的：掉进下水道是洗澡的原因。当我们进行因果推理时，我们会更加充分地考虑到所有致使我们做出正确推论的因素。它确实还是要费一番脑力的。我们必须厘清的是，掉进下水道可能是导致洗澡的原因之一，但反之不然。我们必须顾及其他亦可能导致洗澡行为的原因。我们不得不一一评估这些原因的合理性。而且，我们还要将上述意见或看法组织成回答问题的答案。所有这一切，不过在转瞬之间完成。当涉及因果关系时，我们的推理简直无懈可击、浑然天成。

人类不是计算机那样的逻辑运算机器。我们或许时时刻刻都在进行推论，但这些推论并非基于教科书式的逻辑，而是因果性的逻辑。

正如人们不相信联系是任意的（巴甫洛夫想象中的人类行为），人们也不是按照逻辑演绎做日常推理，而是用因果分析。我们通过推理世界运转的方式来进行推论。我们猜想如何由因导果，哪些东西会抑制或阻碍预期中的“果”，以及为了“因”能发挥作用，哪些因素必须就位。我们判断一个说法的是非对错所依靠的是因果式的逻辑，而非命题式的逻辑，因果关系的逻辑包括了具体事件如何一一对应到其结论。

因果推理的能力让我们得以解决许多现实问题。在裂谷或水面上建造一座桥梁就是因果推理的产物。桥梁设计师必须进行与承重结构相关的推理，以确保建造一座能承载汽车和卡车重量的安全桥梁。为机动车安装车轮使车子能随着车轮的滚动而移动，这要求另一种因果机制的参与。实际搭建一座桥梁或制造一只车轮的前提是构思与筹划它们的能力，这也使人类得以拓展领地、躲避敌人，并在争夺稀有资源的演化之战中成为最大的赢家。

将想法投射到长远未来的能力也是因果推理的一种。它涉及对世界长期情势发展的预期机制。这类长期规划是必要的，可以激励我们终生学习。学习的精髓在于，我们精进的能力不会立竿见影，而是在多年以后才凸显其价值。学习独木舟的精良制作工艺可能要花费数年之久。但是，某个社群中使用独木舟的人不会投入时间在这项将来才会用到的工艺上，在当代的独木舟工匠做出最后一支船桨之前，这个社群还是可以继续他们习以为常的捕鱼和交通方式。

只有在你能通过因果机制的推理足以看到未来社会变迁的时候，比如当你看到死亡的威胁近在眼前时，才会花时间学习某项有用的技能或工艺。

我们所擅长的因果分析不仅针对客观实物和社会流变，还包括精神和心理层面遇到的问题。[4] 试想某人，比如你的爱人，拒绝跟你说话。现在，你有了一个要解决的问题。你需要调动因果推理来找出问题所在并弄清楚如何应对。

想要确认问题出在哪里，你得因果式地揣测人类的反应和情感。是什么导致他 / 她对你做出负面反应呢？你冒犯他 / 她了吗？你提起他 / 她不堪回首的过去了吗？你踩到他 / 她的道德雷区了吗？正如面对客观实物一样，这也需要复杂的因果分析。此时，你需要了解人类的想法和动机，以及它们如何引发后续行动。要弄清是什么触怒了某人，你得对他 / 她的信条或观念略知一二。例如，他 / 她对你的过去了解多少？哪些道德价值观是他 / 她看重的？你还得对他 / 她的欲求所有了解。他 / 她的敏感地带在哪里？他 / 她跟你冷战是为了达到什么目的？换句话说，你要做的就是找出操控他 / 她行为的背后意图并弄清他 / 她希望借此达成的结果。这类因果分析在每一个人际交往场合都会被调动，也是绝大多数人用起来都得心应手的一类推理。

寻求解决问题的具体做法也需要因果推理：现有的各种方案都会导向怎样的后果？如果你试图安抚此人，他 / 她的态度可能会有所缓解，但也可能被理解为你认错了，使对方占了上风。如果你挑起争执，或许能逞一时口舌之快，但你可能将结束或至少在一段时间内无法维系这段关系。有时，预测我们的所作所为会对他人产生何种影响并非易事，但还是那句话，如果我们义无反顾地这样做，大多数情况下还是能顺利解决问题的。彬彬有礼地提出一个简单的请求，对方通常会心甘情愿地顺从；如果以开玩笑的方式提出，则大多会得到一个忍让的似笑非笑作为回应（根据我们的经验）。人们在因果推理上的非凡天赋不只是针对具体事物，在预测人类行为方面也毫不逊色。

推理的正向和逆向

因果推理是人类认知的基础，也是心智的主要任务，但其各个面向也有难易之分。我们的推理有正向和逆向两种。正向推理是思考如何由因导果。我们用它预测未来，用今日之旧闻预测明日之新闻。我们也用它搞清楚设备如何工作：例如，怎样按下一连串的按钮，就能设置好新时钟上的闹钟。前文提到的逻辑架构中“肯定前件式的假言推理”的例子，运用的即正向推理。现在，请你从参议员的行为出发，推测他将来是否一定会把时间花在筹款上。

逆向推理是由果推因的推理。[5] 医生用它诊断引发症状的病因，机械师用它判断你的爱车出了什么问题。逆向推理通常涉及解释、阐明事情是怎么发生的。对人类而言，正向推理，即由因导果，比诊断式的由果推因更容易一些。例如，医生更容易推测一名胃溃疡患者有腹痛症状，而不是由腹痛得出他患有胃溃疡的结论。逆向推理也比正向推理更耗时。由果推因的逆向推理或许很难，但人类也正是因此而与众（动物）不同。我们尚不清楚是否还有其他生物有能力或者有兴趣理清万事皆有其因。

做正向推理时，我们通常只需少量的心理模拟。如果我请你预估做好一个煎蛋饼需要多久，你会在脑海中想象所需的几个步骤，评估每一步所需的时长，并把它们累加在一起。若预测与俄罗斯开战的影响，你可能会想象洲际导弹横空飞过，被雷达捕获。由果推因的诊断式推论可没这么容易。假设对俄战争真的爆发，我们想一探究竟，则需要动用一些其他方法择取潜在的原因，再评估每种原因的可能性以猜测实际上发生了什么。

具有讽刺意味的是，我们的预测力比诊断力强这一事实导致我们在进行预测性推理时会犯一个错误，而进行诊断式推理时我们不会犯这样的错误。[6]假设你是一个精神康复师，接手下面这个案例：

> Y女士是一名32岁的女性，已被诊断为抑郁症。请评估她表现出嗜睡症状的可能性有多大。

换句话说，在你除了她32岁、女性、抑郁症患者之外一无所知的条件下，你要回答她昏昏欲睡的可能性有多大。如果你不知道相关统计数据（其实也没几个人知道），这会是个很难回答的问题。但总有一些你确凿无疑知道的事。比如，你确信，如果没有其他导致她困乏的原因，那么她表现出嗜睡症状的概率就会小一些。因此，假设我们向你咨询如下情况：

> Y女士是一名32岁的女性，已被诊断为抑郁症。**一套完整**

> **的诊断检查结果显示，她尚未被诊断出任何其他可导致嗜睡的器质或精神疾病**。请评估她表现出嗜睡症状的可能性有多大。

你应该会给一个较低的数值，或许也不会低太多，但你对她嗜睡程度的预估值多少会降低一点。

实际上，人类可不是这样做的。人们会忽略第二次提问中被着重强调的部分。我们向几组出席由哈佛大学主办的工作坊的心理健康专家展示了上面两个问题。他们对两次提问都给出了完全相同的答案。粗体字传递信息之所以会被忽略，是因为在由已知原因推测某项结果发生的概率时，人们会对其他可能的因素视而不见。他们想象一个年轻而忧郁的女性，并检视他们的心理图像是否呈现她昏昏欲睡的模样。这种心理图像不会考虑她是否脱水、疲劳或引起嗜睡的其他因素。

令人惊讶的是，诊断式推理不会受此困扰。我们向参与同一个工作坊的其他几组人提出了下列问题。

> Y女士是一名32岁的女性，表现有嗜睡症状。请评估她被诊断为抑郁症的可能性有多大。

我们反转了这个问题的问法。现在是要求通过给定结果推测某项原因的可能性，而非给定原因，推测某种结果发生的概率。这一次，与上述判断结果相比较的是对下面这个问题的回应。

> Y女士是一名32岁的女性，表现有嗜睡症状。**已知一套完整的诊断检查结果显示，她尚未被诊断出任何其他可导致嗜**

睡的器质或精神疾病。请评估她被诊断为抑郁症的可能性有多大。

文中的粗体字又一次排除了可能致使Y女士嗜睡的其他原因。在这个例子中，排除干扰因素理应提升人们的判断力。如果我问你A为真的概率有多大，而你已知A会导致B且B已发生，那么一旦你知道不存在其他导致B的因素，则A为真的可能性极大。事实上，如果你相信万事皆有因（其实大多数人都这么想），那么A绝对为真，因为它是导致B发生的唯一原因。

这与心理健康专家们的回答不谋而合。在排除其他潜在原因的情况下，相较于不给任何补充信息，他们更倾向于认为Y女士患有抑郁症。在进行诊断式推理时，即由果推因时，我们的受试者并未忽略其他可能因素。

由因导果时人们会忽略其他潜在因素，是因为他们的心理模拟已经应接不暇了。但逆向地由果推因时，我们根本无法进行心理模拟。

尽管我们并不擅长诊断式推理，但或许正是这种能力让我们得以成为人类。似乎还没有任何证据显示其他动物也能进行诊断式推理。动物对其身处环境的因应或许也十分老练，而且在前文中我们已看到，老鼠在思考因果关系方面何其敏锐，但没有任何一种动物表现出由果推因的诊断式推理能力。[7]

关于非人动物不能进行诊断式推理的最强有力的反例，并非来自你我意料之中的黑猩猩、倭黑猩猩（在基因上甚至比黑猩猩更接近人类）或海豚（众所周知远比人类更聪明，正韬光养晦，等待时机统领地球），而是来自乌鸦。这种动物的推理能力深深地震撼了科学家们。

在一项研究中，6 只新喀里多尼亚乌鸦面前放着一根透明的装有少量的鲜美肉泥的管子。狡猾的实验者在管子上设计了一个洞，这样一来，推出或拉出一小堆肉泥又可避免食物掉入洞中的唯一办法就是利用工具。6 只乌鸦中的三只不仅想出了如何从最初的管子里取得食物，它们似乎还理清了其中的因果缘由。它们也能够从其他洞被设计在不同位置的管子中获取食物。考虑到在实验观察中，非人（灵长类）动物能做到什么（不能做到什么），乌鸦的这项本领是相当不同寻常的，这一点即使连黑猩猩都无法做到。但是，这与人类精密而抽象的推理能力相比，还是相形见绌。实验中，没有任何一只乌鸦是基因突变的畸鸦（就此例而言）。故此，认为只有人类能够进行真正的诊断式推理的假设，即由果推因的因果推理，仍待争辩。尽管如此，乌鸦还是令人叹服不已。[8]

讲故事的能力[9]

因果分析有许多形式。弄清楚一台新咖啡机如何运作需要因果分析，怎么修补一件毛衣上的洞或如何治疗你的膝关节炎也是如此。在社会生活中，我们通过多种方式交换有关因果分析的信息。在销售一台需要自行组装的新电器时，我们把组装指导手册放入包装；我们在视频网站上分享一则如何修理洗碗机的视频；我们还阅读专家写的关于怎么治病救人，如何给他人留个好印象，以及怎么把生意做得风生水起的书籍。

讲故事大约是人们彼此间传递因果信息的最常见方式了。想想下面这个古老的犹太故事。一位店主走到他的商店门口，发现窗户上满是用喷漆颜料画的侮辱和贬损涂鸦。他把窗户擦干净了。但第二天，同样的事情再次发生。因此，他萌生了一个计划。第三天，店主一直等到这帮当地的小流氓们出现，在他们干完这些勾当之后，店主付给他们10美元作为这项“工作”的酬金。翌日，他再次酬谢他们但只付给他们5美元。接下来几天，他继续为店铺受损而付钱，但金额逐日缩减，因此，小流氓们很快就只能拿到不到1美元了。他们终于不再来了。何苦就为了这么一点点钱而喷漆侮辱这位店主呢。

这个虚构的小故事揭示了一个实实在在的因果教训，关于是什么让人们采取行动，以及你如何能够引导他们的动机，让其认为他们正在做一些违背初衷的事情。

故事用于阐述人类动机很常见，但还有一些故事所传达的是一些有关世界运行规则，以及我们该如何应对的其他类型的启示。《圣经》中的一则传说讨论了世间万物的根本之源，世界是如何被创造的。许多《圣经》中的故事告诉我们行之有报且原因何在，因此，某些特定的行为是正确的而其他是错的。亚当和夏娃的故事教导我们要遵照神的指示去做，该隐和亚伯的故事告诉我们应当与兄弟友爱。童话和都市传奇总是告诫我们应该避开什么，什么是危险的，以及我们如何确认谁值得信任。有关英勇事迹的故事告诉我们自身有着惊人的潜力。

讲故事是我们对一系列事件建立因果意识的自然本能。这就是为什么我们到处都能看到故事。20 世纪 40 年代社会心理学的经典论证之一，是弗里茨·海德（Fritz Heider）和玛丽安娜·西梅尔（Marianne Simmel）向人们展示的一个简单的动画片。[10] 主角是在屏幕上移动的一个圆形和两个三角形，仅此而已，无配音，无字幕。有时其中的两个几何图形会相互靠近；有时一个似乎在追另一个；有时它们似乎在打架。毫无疑问，人们看到的远不止圆形和三角形，他们看到的是一场浪漫的戏剧表演。人们无时无刻不在看故事。

一则好故事不仅仅描述实际发生的事情，它在更广义的层面上告诉我们世界如何运作，这便关系到那些并没有真正发生的或至少还没有发生的事情。当莎士比亚笔下的麦克白夫人在杀害邓肯王后无法自已地不住地洗手时，她哭道："去掉，该死的血迹！去掉，我说！……一，二；那么好吧，现在到了动手的时候啦。……地狱是阴冷的！"从中我们所领悟到的不仅是某个虚构人物的追悔莫及，更是关于谋杀带来的情感恶果。我们习得一个因果定律：杀害某人会使凶手饱受负罪感的煎熬，惶惶不可终日。

一则好故事的道德寓意不仅适用于此情此景，也要能应用到我们或将身临的其他地方。我们之所以将亚伯拉罕在摩利亚山牺牲其子以撒的故事代代相传，绝不仅仅是为了在亚伯拉罕及其家族的事迹上多添一笔。这绝对是一堂教导我们不论何时何地都忠于上帝的课。

在这重意义上，讲故事要求我们做一些唯人类之能力所及的事。这需要我们运用对世界因果机制的理解，建立对整个世界的思考。讲故事有助于我们如此设想：倘若某些情况有所不同，世界将会是个什么样子。这在科幻小说中最清楚不过了：作者帮助读者畅想了另一个世界，在其他星球上有生命存在，或有能够确保带来幸福的药物，或一个由机器人接管的世界。但是，许多其他类型的故事也涉及另类世界，特别是我们讲给自己听的故事。你可以设想你是一位摇滚明星，你会过着怎样的生活？要想知道答案，你可以参考你对世界运行机制的理解，当一个摇滚明星的"因"能够导致怎样的"果"。举个例子，你可能会出入豪华酒店，宝马香车相随，而且会花不少时间在给歌迷亲笔签名上。你可以尽情幻想其他可能性。想象另一种世界是人类思维重要的一部分。它被称为反事实思考，你可以体会到，这取决于我们进行因果式推理的能力。

我们为什么这样做？我们为何会本能地讲述那些要求在虚构世界进行推理的故事？或许，这样做的主要动机是它让我们得以考虑替代性的行动方案。我们非常自然地去想，如果做了什么不一样的事情，世界将会怎样：如果我们换了发型，买了一个新割草机，或卖掉我们的房子并买了一艘游艇。正是因为我们可以考虑这种假设行为，在某些少数时刻，我们真的会去追寻那些假想的世界。一个无法构想出一套新发型的人是不会出门去理发换造型的（至少不会主动为之）。一个无法构思一系列权利法案或无法想象一台新型吸尘器的人也不会去发起提案或购买。反事实的思考能力使得人们能够同时做出非凡和平凡的行为。

人类最伟大的一部分发现皆源于反事实的思维实验。伽利略从比萨斜塔上丢下砝码以证明不同质量的下落速度相同，这是众所周知的。历史学家不认为这一事件确实发生过，但我们知道的是，早在声称的实验进行之前，伽利略已经知道他已在脑中演练过的这一实验将会产生怎样的结果。正如他在 16 世纪的著述《论运动》（*On Motion*）中描述的那样，他设想了两个重量不同的物体同时从天而降。伽利略对物理定律的理解指引着他的思考，他能够准确地推断出，无论质量大小，这些物体都会以相同的速度下落。

我们的想象力通常不如伽利略那般深刻而富有见地，但我们每个人也都经常以某种形式运用着想象力。许多决策是通过进行少量的心理模拟，依据我们对支配当前情境的因果律之见解，来理清不同的行动方案所对应的可能出现的结果。当道路拥堵时，我们会试想不同的路线，并选择途经交通流量最小又不用花太长时间的那一个。当纠结午饭吃什么的时候，有些人会想象每样菜品尝起来如何，以及，那是不是我们渴望立即吃到的味道。这些心理模拟也是我们讲给自己和他人的小故事，其目的在于寻找和架设一座通向我们当前处境的因果之桥。

心理学家指出，故事建构了我们从个体自我到集体成员的身份认同。[11] 我们讲述关于过去的故事，我们追忆往昔并赋予它们浪漫色彩。我们讲述关于未来的故事，我们畅想未来并赋予它们奇幻色彩。我们还讲述关于现在的故事，我们建构出自我并开始白日做梦。所有这一切都是关于挖掘原因和预见结果的。我们是怎么来的？我们要去哪里？此时此刻，我应该采取什么行动？

故事被用于在人群中传播因果信息和教训，同时也被用于分享经验、组建集体式的共同记忆，并表明和宣称一种态度。当一个共同体认同一段特定的故事时，他们也正在接受故事暗含的立场。讲述 1773 年波士顿倾茶事件的美国人，是在讲述一个骄傲的反抗强权的故事；而如果是所有茶叶被倒光的英国商人讲这个故事，他们描述的就是一群需要被狠狠教训的盗贼无赖。因此，故事通常属于一个共同体，而不是某个人，而且这些故事与其共同的信仰体系密切相连。

故事或许是独立客观存在的实物，但要讲述它们需要个体拥有与之相匹配的认知系统。我们已看到，认知系统中有关因果的表现和推理能力是有限的，仅凭我们个人无法应对世界真实的复杂性。这无疑是为什么故事倾向于简化，且有时过度简化。比如，大多数人对亨利八世的欲求不满都略知一二，这就是他有 6 个妻子的原因之一，以及他的妻子大多不久于人世。我们实在无法在接近现实世界复杂性的程度上记住和散布这些故事。

然而，故事是世界中因果关系的反映，无论我们如何简化它们。因此，个体需要一套无论面对什么内容的故事都能理解其内在因果关系的认知系统。我们需要一套认知系统，用于理解正面人物和反派角色想要达到什么目的，诸多困难是如何阻止目标达成的，以及这些困难是如何被克服的（或没有被克服的，视情况而定）。这些都是涉及试图影响世界走向一个特定结局的因果概念。这并非巧合，讲故事作为人类最本能的表达方式，取决于同一个才能——因果知识，它能让思维激发更有效的行动。

第四章

我们的认知为何会出错

2008 年，安吉丽娜·朱莉（Angelina Jolie）出演的电影《通缉令》（*Wanted*）在美国共赚得 1.35 亿美元的票房。在影片中，未来的超级杀手们被训练出能够在扣动扳机之前以特定的方式扭转手臂，从而使子弹绕开周围障碍物的本领。电影中的场景或许能俘获绝大多数观众，却让物理学家抓狂。

问题在于，我们对物理学的肤浅理解[1]与真实的物理学并不相符。在绝大多数情况下都能准确预测物体运动的牛顿运动定律，可能与人们对物理现象的预期并不一致。为了说明子弹转弯的不可能性，请想象你正在绕着你的脑袋旋转一个系在绳子上面的石块。接着，你无恶不作的老大哥过来切断了绳子。情况看起来是这样的：

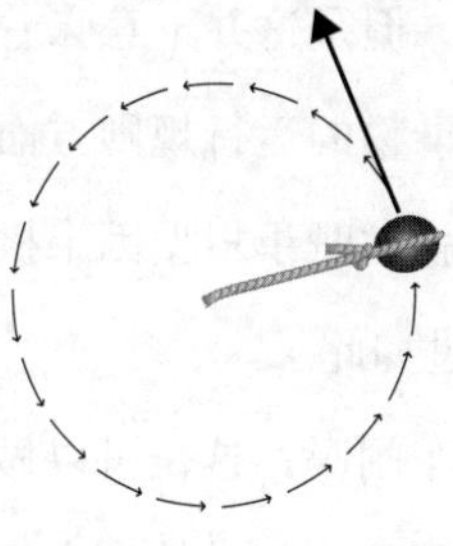

图 1

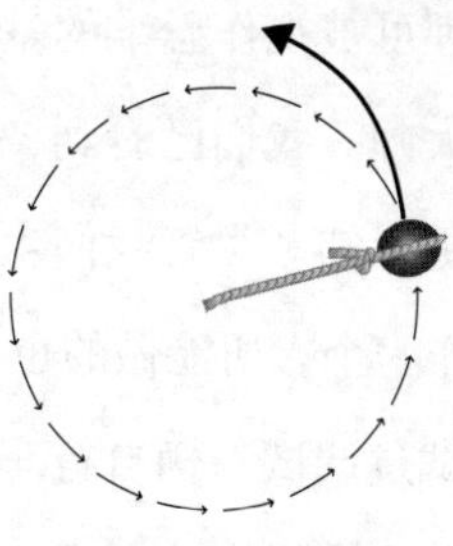

图 2

当石块飞离你的时候，它的路径是怎样的呢？大多数人认为它将飞成一条曲线（如图 2）。而事实上，受牛顿定律的支配，它将按照直线飞行（如果你够幸运的话，它将直接向你的老大哥飞去）。我们并非总是依据牛顿定律预测物体的运动，因为日常观察的结果常常并不遵从定律。（这也是牛顿在首次发现这些规律时用尽心力的原因之一。）例如，牛顿第一定律认为一个运动中的物体会以相同的速度和方向保持运动状态，但通常情况下我们不会看到这个现象。如果你在地板上推一块砖，它很快就动不了了。物理学家恰如其分地把这种现象归因于摩擦力。非物理学家则倾向于用一种相当"非牛顿"的方式理解这一点，比如你会想，你施加在砖块上的"推力"会随着时间消退。当推力完全耗尽时，砖块就不动了。

牛顿第一定律同样意味着，当绳子被切断且没有其他作用力让石块保持圆周运动时，石块将沿直线运动。但人们相信是旋转赋予石块以圆周运转的动力，这一动力将在一段时间后耗尽，因此他们预估石块还会沿圆周路径运动。《通缉令》的出品人在子弹曲线飞行的问题上也犯了同样的错误，或至少他们以为观众也是这样想的。好莱坞不是靠科学严谨赚钱的，迎合观众的口味才是其生财之道。

因果推理可被视作思维的基石，但是这并不意味着人类是完美的因果推理大师。我们已看到，在事物的运行规则方面，人们比他们自以为的更无知。尽管我们生来就被赋予根据因果机制进行推理的禀赋，但作为个人所能做的也不过如此了。

你曾经试过调试一辆自行车的车闸吗？这是可以做到的，但是对我们大多数人来说，这似乎需要历经多年的培训和实践。思维贯穿一切，并决定众多可能性之中哪些需要被调整，以及每一处要调整多少，这已经让许多智者开始怀疑自己的智商了。相似的情形是，梦想着一到正午就饭菜满桌，却一直弄不懂怎么设置炉灶定时器的人不止你一个。常人注定总有些自己思维所不能及之处。

这就是为什么没有公认的美味佳肴，没有普世的经济制度，以及政府是否应该以及如何处理中东事务也没有统一答案。生活和社会制度是复杂的，并没有一个绝对正确的方式去理解它们。思维充满了猜想臆断，只能无限逼近事实真相。

我们再来看一个展现物理特性推理困难程度的鲜明案例，来自一项由加州大学伯克利分校教育学研究员安德烈娅·迪塞萨（Andrea diSessa）[2] 进行的研究。请看下图中的两枚硬币。如果上方硬币沿着下方硬币的边缘滚动，假设其直接滚到下方硬币的正下方，上方硬币上的箭头会指向哪个方向？

大多数人觉得箭头当然是指向下方。事实上，它是指向上方的。不妨拿一组 25 美分的硬币试试看。在日常生活中，我们天天都会看到物体的滚动，但物体沿曲面滚动的场景就相当罕见了，因此，我们对于上面例子中硬币之表现的直觉判断很糟糕。通常情况下，一个物体在平面上滚动，其转动的距离同它与平面的接触面积成比例。一枚硬币滚动其自身周长的一半的距离即转了半圈，如果这枚硬币沿着平面滚动了其自身周长的一半，箭头会指向下方。当硬币沿着曲面

滚动时，此规则不再适用，但人们仍倾向于误用他们已在平面上学到的因果模型。这就是直觉误区的根源。

因果模型的应用不仅仅局限于理解物体怎么运动。人们还常用水流或人流等已观察到的事物来类比理解电的存在。[3] 因果模型也决定了人们如何与日常生活中的机械设备互动。例如，很多人把他们的恒温器设定的温度调高，为的是快点儿达到理想温度。这是由于他们调用了制热系统的因果模型，达到额定温度的快慢取决于设定的目标温度的高低。虽然这是错误的，但人们似乎坚信，他们给恒温器设定的温度越高，它就会工作得越卖力。以下是一名实验参与者对其错觉的解释。[4]

> 我真的认为这很简单。嗯，我想，手柄和制热系统功能之间一定有着某种线性关系。这就像踩下油门踏板。我了解液压的概念，你知道的，你踩得越用力，就会有更多的液体被推入发动机，接着会产生更多的火花，车子就会跑得更快。此处同理，你越用力地推或拧手柄……系统就会产出越多热量。

随后，他又列举出一大堆其他也依相同原理运行的装置：

> 我随即能想到的还有电动搅拌机。你把它们的转速调得越高，它们转得越快……你踩油门踩得越用力，汽车跑得越快……打开水龙头……你会看到更多的水以更快的速度喷出，你懂的，这和向手柄施力使温度升高是一个道理。

显然，这个因果模型是直观易懂的，因为我们处处都能体验到。我们很少直接察觉到那些产出结果的机制。我们所能体会的只有我们的行动，以及这些行动导致的结果。只有当进入装置内部一探究竟时，我们才能弄清楚是怎么回事儿。当各组件在眼前一览无余时，我们就可以看到机械的内部。例如，透明的外壳使我们能够看到机械钟表如何工作，或落叶如何被耙在一起。可大多数机制都太微小（如分子变化导致水沸腾）或太抽象（如经济政策导致贫困）或难以触及（如心脏如何供应你全身的血液）。我们看不到疫苗正如何发生作用或食物的基因是怎样被改造的，因此我们用既往经验理解未知的领域，而这可能导致错误的信念。

我们所知甚少，但够用

因为做不到完美的因果推理就自我责备，这是错误的。试想，在任何情况下，想要做出正确的因果推论需要哪些条件。你需要知道世间的一切，你还要对事物如何变化具备全面的认识。因为世界是复杂的而且事物变化的模式多种多样，这两种知识都与完备二字相去甚远：不全面、不确定和不严谨。在现实世界中，你的所知必然主要源于你所经历过的那一部分世界。你对看重的事物的了解总比你漠不关心的那些要多。你对怎么在职业道路上出人头地的了解，比如何成为一名专业冰球运动员要多得多（先假设你的职业目标不是晋级国家冰上曲棍球联赛）。

关于分子的位置、方向和运动你也不大可能知道得太多。因为那同我们生活的世界根本不在一个粒子水平上。我们的知觉与运动系统是为了执行更高层面的任务而生的——那个我们与物质世界的动植物（特别是其他人）以及人造物存在真实互动的层面。因此，我们的知识尤其适用于这一层次上的对象，它与我们的日常生活等高，或许稍微高那么一点儿（共同体和其他社群组织）。知识库就是在这一层面被组织起来的。

故此，人们对任何东西都知之甚少（出乎意料，太出乎意料了）。事实上，我们知道的特别少，只是刚刚够罢了。由于知识是有限的，相应地，我们对事物变化的理解也被局限了。除了化学家或物理学家，大多数人无须考虑因果律在分子和原子层面的应用。这就是为什么虽然经典力学无法精准无误地应用于微观（在原子层面上的运动）和宏观（宇宙在最宏伟尺度上的运动）层次，但用来描述人类的经验已经绰绰有余了。我们只是无法体验量子物理学家日思夜想的那个超出我们常人经验的世界。绝大多数人——事实上，包括化学家和物理学家在内，当他们脱掉白大褂变成普通人时——只需考虑那些涉及肉眼可见的物体、仅限于冬夏之间小范围浮动的气温、人与人之间的互动的因果机制，说得更笼统一些，即那些操控常见事件的机制。在风平浪静的生活中，浅层的因果推理完全够用。这其实挺幸运的，因为如果我们必须无所不知，我们很快就会被知识淹没了。

有关社会情境的推理就像对物理对象的推理一样，非常浅显。每天不经意间发生的事情都要求我们理解他人的意图，但这些意图往往停留于表面。他们是想在人行道上截住我们吗，还是想问个问题，或者是想要我们的钱？我们无时无刻不在经历这些简单而直观的推断。令人印象深刻的不是上述情境中推论的深度，而是我们事实上全部做到了。

在有些情况下，人们需要更深层次的推论。假设一个骗子正想要诱你上钩，这时要推敲出此人心里的小算盘可能有点麻烦。或者说，如果你所爱的人郁郁寡欢或举止异常，找出原因和对策可能需要极高的敏感度和深刻的同理心。实际上，绝大多数人都不擅长在这些情境下做出合宜的推断。骗子无处不在是因为他们尝到了甜头，人们总是容易上当受骗。令人伤感的真相还有很多，不过真正能理解他人痛苦并给予帮助的人却少之又少。大部分人想要对他人施以援手，最终却求助于其他人：我们请朋友和家人帮助我们分析事态，或请专家进行干预。还是那句话，问题是尽管人们擅长因果推理，但在专精领域之外往往流于肤浅。

两种思维

我们长期进行某种类型的因果推理，但并不是所有的因果推理都一模一样。有些推理转瞬即逝。当老鼠将不适归因于食物而非闪光时，我们假设这一推断并没有涉及太多的思考和反应。它是迅速而自发的，就像一个人可能会将他手上的伤归结于他撞到了墙，或一名学生会将她的欣喜归结于数学考试拿了满分。这样的归因方式几乎和“推理”搭不上边儿，因为它们太显而易见且来得如此之快。

其他类型的因果推理需要更多的思考和分析。是什么导致了第一次世界大战？为什么你的汽车打不着火儿？为什么你辛勤努力做出的贡献无法赢得上司的赏识？回答这些问题需要时间和精力，我们得慢慢来，谨慎周密地得出结论。此处的推理才符合这个词原本的意义。

这两种不同思维的区别贯穿了整个古典与现代哲学、心理学，及认知科学。丹尼尔·卡尼曼（Daniel Kahneman）在其著作《思考，快与慢》（*Thinking,Fast and Low*）中道出了二者的区别。[5]这种区别由来已久，认知科学领域对其有多种不同说法。比如，这两套推理系统被称作联想式思维与规则式思维[6]，或简化为系统 1 与系统 2。[7]我们将它看成直觉与慎思之别。

哪个动物的名字是以字母 e 开头的？

你是不是想到了“elephant（大象）”？几乎每个人都会这样反应。某些东西就是会迅速、自发且毫不费力地浮现在脑海里。这些依靠的是直觉。

值得思考的是，意识在直觉与慎思中分别扮演了怎样的角色。我们凭直觉拥有的一个想法，是自己跃入脑中的。就像面对下面这个乱序非实义词，我们无须花费任何力气就能认出它：

initvitve（intuitive 的相同字母异序词）

答案立即涌入你的脑海。虽然最终结果就在眼前，但你甚至都没察觉到这个答案生成的过程。“直觉”一词奇迹般地在你心里闪过。

但是当你思考时，你不仅得到了答案，还知道它是怎么来的。

来试试这个稍有难度的变位词：

vaeertidebli

如果你能认出它（答案在本页页脚①），那么你不仅知其然还知其所以然。你能看到自己的思维过程，在心中来回移动字母以期找到一个实义词。与此类似，当求解一道复杂的计算题时，你留心每一个运算步骤。你在讨论一名政治候选人的功过时也是如此。

直觉和慎思之别在知识史上也长期受到重视。以古希腊哲学家亚里士多德为例，他指出仰赖直觉已积习难改，习于深思熟虑又谈何容易。

> 现在如果论辩本身足以使人类品行善良，它们就是正当的……取得了巨大的回报……但事情往往是……它们无法引向高贵与善良……什么样的论辩会把人塑造成这样？即便并非不可能的，但要通过论辩去掉这深植于性格中的特质着实不易。
>
> ——亚里士多德，《尼各马可伦理学》(*Nicomachean Ethics*)

柏拉图更含蓄地指出了直觉和欲望的联系，摘录如下。

> 接下来，让我们将灵魂比作一队飞马与其驭者的天作之合。其中一匹飞马受荣耀之爱且只听从口头命令；其余的同伴都狂野、自负而猥琐，且从不顺服于马鞭。
>
> ——柏拉图，《斐德罗篇》(*Phaedrus*)[8]

---

① deliberative，深思熟虑的。

柏拉图试图区分激情和理性，当面对诱惑时，它们是两匹将我们拉往相反方向的马。我们都认同柏拉图的“推理”很类似亚里士多德所说的“论辩”，也就是认知科学家口中的慎思。那就是用小心谨慎的思考来帮助我们解决问题，以免行动被欲望所操纵。那是脑中一个小小的声音在耳语，告诫我们什么才是重要的以及如何达成长远的目标。正是这个思维过程阻止我们去吃第二块巧克力蛋糕或为自己的贪嘴而内疚不已。

但直觉与激情完全一样吗？我们的直觉是无意中涌入脑海的想法，基于某些根深蒂固的认识。例如，我们通过某人说“about”（关于）一词的口音就可以断定“他是加拿大人”。这样的想法本身并不是欲望。只是认定某人来自加拿大并不会让他变成欲望的对象，尽管这也无妨。而有些直觉真的会唤起欲望。烘焙坊的包装盒会引发一种这盒子里装有蛋糕的直觉，这难免会激起某人对糖分与油脂的向往。另一方面，欲望也能引发直观的反应。如果我们看到一辆中意的汽车，我们会想象驾驶它的样子。如果我们置身于一栋理想的房子里，我们会想象住在里面的样子。一块秀色可餐的甜点诱使我们想象吃它的样子。一位梦中佳人诱使我们想象……好吧，你懂的。即使并非所有直觉都与激情有关，我们的冲动也与某些特定的直觉相伴相生。因此，直觉和激情是不一样的，但非常相近。直觉和欲望二者能够相互配合，也都能与慎思相对抗。

在进行因果推理时，那些快速、直观地得出的结论并不总是与慎思的结果相同。我们的直觉反应可能是向敌军投下炸弹迫其投降，但深思熟虑之后可能会发现，投掷炸弹可能正给自己落下了恐怖袭击的口实。有时慎思有助于让我们在对某事做出反应时从恐惧和担忧中平静下来。我们只要稍微仔细想一下就会发现，其实没有什么可怕的。换句话说，有时通过直觉——迅速且毫不费力地得出的结论，会被耗时耗力较多的深思熟虑后的结论推翻。直觉得出一个结论，但慎思让我们犹疑再三。

直觉和慎思之辩并非只存在于西方思想中。根据某些印度和瑜伽传统，能量有七轮，轮即脉轮，有“呼吸中枢”之意，是与一个人各方面状态和健康相关的精神元素。它们有时被视作生命力的能量中心。每个脉轮各自与身体某一部分相关联。第一轮在最低处，系生根于大地。脐轮位于肚脐稍下处，与性行为及整个躯体和动力相关。第三轮略高于肚脐，与火有关。第四轮位于胸口中心，贴近心脏，与爱有关。第五轮置于喉咙，与沟通有关。第六轮和第七轮则与认知科学家所考虑的思维密切相关。第六轮，亦称眉心轮，位于双眉之间。你在印度教艺术作品里看到的第三只眼睛就是它。它通常与视觉表象这样的领域有关。我们认为这就是东方式的对直觉的描述，思绪自发而来，无心插柳柳成荫。

第七轮，或称顶轮（千瓣之轮），位于头顶中央。它与智力和意识有关。这一轮把我们与更高的真我及其他生灵相连。第七轮与我们所说的慎思之间似乎没有多大距离。

这意味着直觉是自我选择。它是个人思维过程的一环。慎思则不同。一种慎思的方法是和自己对话，就像你跟别人谈话一样。慎思将你和其他人联系起来。一个团队的人不能一起靠直觉感知到什么东西，但他们能够一起缜密地思考。在之后章节中我们将看到这种集体思维概念发挥重要作用。我们将看到，可以通过与团体协同的慎思来设法克服直觉因果模型中的弱点和痼疾。由此，我们将创造一个格外强大的社会性心智。

直觉、慎思与解释性深度错觉

回想一下解释性深度错觉这个发现，人们自觉对因果系统的理解比他们实际做到的要好。错觉是直觉的产物。我们思索事物如何自发而不费吹灰之力地运行。但是当我们深入考虑我们拥有的知识的时候，错觉就不堪一击了。这也有助于解释为何不是每个人都会被错觉所击败。耶鲁大学市场营销学教授沙恩·弗雷德里克（Shane Frederick）实施了一项简单的测验，用以判定一个人更偏向使用直觉还是思考。他为该测验命名为 CRT（Cognitive Reflection Test，认知反射测验）。测验包括三个简单的问题，其中一个是弗雷德里克在一本字谜书中看到的：

> 一只蝙蝠和一只球的价格是 1.10 美元。蝙蝠的价格比球高 1 美元。那么，球的价格是多少？

你觉得答案是 10 美分？大多数人都会给出上面这个答案（包括许多常春藤盟校的学生）。更重要的是，“10 美分”几乎是所有人都最先想到的。真正的问题是，你是满足于这个凭直觉得出的答案还是再把题目推敲一遍。如果你回看这个问题，你会发现，如果球的价格是 10 美分，而蝙蝠的价格比球高 1 美元，那么蝙蝠的价格应该是 1.10 美元，共计 1.20 美元。所以答案不是 10 美分。

一小部分人会反推他们凭直觉得到的答案，并意识到 10 美分是错误的。在检查之后，大多数人都能够算出正确的结果。① 弗雷德里克把这类人称作反思型[9]，意思是他们倾向于抑制其直觉反应并在回答之前深思熟虑一番。

CRT 中的另外两道题和蝙蝠与球的问题皆有共性。下面举其中一例。

> 湖里有一小片睡莲，睡莲的面积每天成倍增加。假设睡莲覆盖整个湖面需要 48 天的时间，覆盖一半的湖面需要多长时间？

你首先想到的答案是“24”吗？几乎所有人都这么想，而且大多数人都说这是正确答案。真的是这样吗？如果睡莲的面积每天双倍增加，那么当湖面在第 24 天被盖住了一半，第 25 天的时候它应该就被盖满了。但题目中已说明，湖面只有在第 48 天的时候才被完全覆盖住。所以 24 不会是正确答案。正确的答案必定是被完全覆盖的前一天，即第 47 天。

我们再看一下第三个问题。

> 如果 5 台机器需要 5 分钟来制作 5 个小零件，用 100 台机器制造 100 个小部件需要用多长时间？

---

① 正确答案是 5 美分。

给个提示：答案不是 100 哦。①

CRT 中三个问题的共同之处在于，错误的答案总是率先涌入大脑。想要得到正确的答案，凭直觉做出的回答必须被抑制，而且你必须进行一些计算。然而大多数人都懒得去做。与抑制错误的草率答案，稍稍深思一下找出正解相比，人们宁愿凭直觉回答，不假思索地说出第一个出现在脑中的想法。只有不足 20% 的美国人对 CRT 的三个问题给出了正确答案。数学家和工程师比诗人和画家的表现要好，但也没好到哪儿去。麻省理工学院接受弗雷德里克测试的学生中有大约 48% 全部答对；在普林斯顿大学这个数字只有 26%。

CRT 区分了反思型的人和直觉型的人。更具反思特征的人倾向于仰赖他们深入思考和表达的力量；那些缺乏反思特征的人更多地依靠他们的直觉。这两类人有诸多不同。当面对的问题涉及运用推理时，反思型的人会更加小心谨慎。他们较少犯错且相较于缺乏反思的人不那么容易上当受骗。[10] 例如，他们更善于发现一个句子是确有深意还是只不过是一堆字词的堆砌（如“隐藏的意义改变了无与伦比的抽象之美”）。[11] 他们也更愿意冒险且鲜有冲动任性的行为。一般来说，他们更善于把握时机或干脆等得更久以放长线钓大鱼。[12] 他们的喜好在其他方面不尽相同。相较于缺乏反思特征的人，反思型的人更偏好黑巧克力而非牛奶巧克力[13]，他们也不太相信上帝。[14]

与我们所讨论的内容相关性更高的是，反思型的人，也就是在

① 正确答案是 5 分钟（每台机器用 5 分钟制作一个零件）。

CRT 中得分更高的人，相较于直觉型的人较少地表现出解释性深度错觉。[15] 在一项研究中，我们要求受试者前后两次评估他们对几种冷门装置的了解程度（如能自动给植物浇水两周的给水球），一次在论述他们的理解前，一次在论述后。在 CRT 中得分优异的受试者未表现出深度错觉。与此形成鲜明对比的是，在 CRT 中得了零分或只答对其中一个问题的受试者表现出了极大的深度错觉。换句话说，反思型受试者在论述前后对他们了解程度的判断是一致的，然而，缺乏反思特征的受试者在被要求给出论述之后就对他们之前的判断没那么有信心了。

直觉给予我们一个简化的、粗略的，而且通常足够好的分析，这让我们产生错觉，自以为所知甚广。但是当我们慎思时，我们才意识到事物实际上何其复杂，我们真的只是略知皮毛。

那些在 CRT 中取得好成绩的人为什么没有表现出解释性深度错觉呢？在另一项研究里，我们找到了一种可能的答案。我们制作了一大堆产品广告说明书，每一件产品的说明书都有详有略。我们向消费者展示这些广告，并征询他们对每件产品的喜好程度。反思型的受试者，即 CRT 的高分人群，更喜欢说明书对细节介绍得更详尽的产品。这与直觉型的人正好相反，也就是说，与我们大多数人相反。那些在 CRT 中得分较低的人倾向于选择只提供少量说明的产品，太多的细节会让他们干脆转身离开。与大多数人不同的是，高度反思型的人渴望了解细节。他们喜欢阐释、说明事物，因此不难假设，他们甚至在被要求给出论述之前就开始滔滔不绝地发表意见了。任何这样做的人都不会蒙受解释性深度错觉之苦。

直觉是属于个人的，它存在于我们自己的脑袋里。慎思涉及对个人层面所知之事的反思，还有对我们隐约察觉到的或仅有浅显了解的事实，以及其他人所知之事的反思。例如，如果我正在考虑投票给哪个候选人，我可能会向某个我敬重有加的人征询意见。从这个角度来说，能否慎思取决于知识的共同体。故此，解释性深度错觉产生的原因之一，是我们的直觉系统高估了它能够缜密思考的程度。当我问你马桶如何运作时，你的直觉系统回答说，“这不难，我对马桶再熟悉不过了。它们是我的日常生活的一部分”。但是当你被要求阐述马桶的工作原理的时候，你的慎思系统将会不知所措，因为你的直觉不过看到了皮毛而已。真正的知识在别处。这本书接下来的两章将会揭示它的藏身之所。

第五章 身体记忆卡和世界存储器

认知科学乃研究人类智慧之科学，探寻人们不可思议的感知力、思考力与行动力的神秘之源。人工智能是关于机器智能的研究，即如何制造一台有智慧行为的机器。人工智能与现代计算机的发展并驾齐驱，也难怪这两个领域的历史进程都如出一辙。

20 世纪 40—80 年代为人工智能的萌芽期，此阶段的发展集中在个人计算机方面，其目标是用硅打造一个无与伦比的大脑，像阿瑟·C. 克拉克（Arthur C. Clarke）在代表作及同名影片《2001：太空漫游》（*2001: A Space Odyssey*）里描述的超级计算机哈尔一样。哈尔下得一手好棋，在发疯（系统崩溃）之前也一直都是飞船船员的左膀右臂。像虚构出哈尔的发明家一样，早期的人工智能研究者力图把大量的知识和复杂的推理能力一股脑儿塞进电脑里。智能计算机被赋予超大的存储空间且被各类知识填满，它的高速处理器还能调用这些知识用以解答任何问题（只要它不涉及人的情感范畴，如爱或害怕）。人工智能开发人员正竭力打造一个超级机器人，它拥有一切资源以供解决所有难题，并替人类完成所有想要推给机器代劳之事。

像某些人工智能研发人员叹惋的那样，这个超智能机器人的问世还为时尚早。2003 年，麻省理工学院人工智能实验室的奠基人之一、人工智能领域的先行者马文·明斯基（Marvin Minsky）在接受采访时说，“计算机是没有感受能力的。我们能让计算机做的不过是从航空公司订票之类的事情。没有一台电脑能环顾四周告诉你这个房间是什么样子”。[1] 明斯基旨在说明人工智能行业的旧有模式（20 世纪 80 年代之前对人工智能的唯一想象）对智能机器运行方式的预期，同对一台设计精巧的收银机的预期并无不同。收银机采集信息（比如按键对应你要买的商品），片刻间进行一些计算（将你购买的商品价格累加），然后给出一个结果（你要支付的总金额）。这种传统的、按部就班的计算是耗时且低效的。这需要计算机遵循一长串简单的规则从一组符号转换为另一组符号（就像收银机将一堆价格转换成一个总金额）。计算机执行规则的速度或许很快，但每次只能遵循一种规则进行转换。而且，哪怕一则简单的算法，计算机都需要执行一系列成百上千次的操作。

我们在此类符号处理型人工智能方面确实小有成就，例如，有些程序是象棋高手，有些则能向医生提出诊断建议，但仍非早期研发者憧憬的超级智能计算机。人工智能哲学的先驱约翰·豪格兰（John Haugeland）发声叫停，他讽刺这个项目为出色的老式人工智能。[2]

出色的老式人工智能假设软件与硬件有天壤之别。算法（计算遵循的方法）是软件，而且它们可以独立于硬件发挥作用。从原则上讲，它们能在任何一台配置条件相符的计算机上运行。从这个角度说，硬件（作为实体的电脑）根本无关紧要。诸如计算速度之类的指标可能取决于硬件，但它终将也只是做着和其他电脑一样的运算。

这种理解机器智能的思路秉承了17世纪法国哲学家勒内·笛卡儿（René Descartes）所主张的人类智慧二元论之遗风。笛卡儿认为人类的心智并非物理存在之实体，它完全不同于物质性的肉体。笛卡儿的名言“我思故我在”，表示我乃能思者，反映出他的自我认同，即以智识证存在，源于思考能力，而非肉体之躯。他从中得出的结论是，思维属于精神范畴，与肉体所属的物质范畴有着天壤之别。但两者间必有交互作用。毕竟，思维也只能通过躯体感知这个世界。我们思考所基于的信息是由目、耳、鼻和其他感官一同捕获的。而且，感官与思维之间的互动也是双向的：思维做出决定，告知感官做何行动。笛卡儿甚至精准描述了它们的互动轨迹。他认为，灵魂与肉体的交融发生于大脑的松果体之内。出色的老式人工智能也将思维和行动分作两个独立的范畴：非物质的软件和物质性的硬件（虽然没有类似松果体的装置）。

以人类智慧为模型的出色的老式人工智能有几处重大败笔。为理解其中的一处，让我们先看看欧内斯特·劳伦斯·塞耶（Ernest Lawrence Thayer）的名篇《凯西在击球》（*Casey at the Bat*）。它的开头是这样的：

> 那天九点，马德维球赛真不妙：
>
> 比分已经二比四，只剩一局见分晓……

熟悉这首诗歌的大家一定了解当时马德维球迷的状态：

三三两两人离去，剩下的观众没有散。
他们心中继续闪耀着永恒不灭的希望；
大家心里想，“只要凯西上场就好办——
凯西若是来击球，我们就把所有赌注都押上”。

你也知道他们最终如愿以偿：

只见投手举起球，向着凯西扔过来，
现在，空气都因为凯西的击打而破碎。

此处无须提示，我们也不会告诉你接下来会发生什么。相反地，我们希望你来考虑有哪些可能性。如果你了解棒球，你就会知道凯西要么击中，要么与球擦肩而过。如果他击中了球，他大概会用尽全力，尽管他或许对这一记擦边球也有些恼火。让我们假设他狠狠地击球。事实上，他来了个场外全垒打。这一举动将导致什么结果？举例来说，他将绕垒跑一周，且他的队伍至少还能再打一轮。观众们也会有所反应。想必马德维的球迷们将兴奋而欢欣鼓舞地跳起来，为凯西的精彩表现欢呼呐喊。当然，并不是每个人都会如此兴奋：其他球队的球迷不会，赛场边对棒球漠不关心的、卖花生豆的小贩们不会，一条街之外正在分娩的、为眼前事烦心的女人也不会。但那些在赛场里的人会不会兴奋，就全凭他们支持谁，押宝在哪一支队伍上，以及他们对棒球是否有足够的了解以至在拥挤嘈杂的球场上及时跟上赛况。换句话说，这很复杂。确定一个行动会导致什么改变、什么不变并非易事。如果你是一台以出色的老式人工智能为原型的计算机，以上所有这些可能出现的结果都必须使用你能读懂的算法编入软件。对每一步接下来可能采取的行动，你都得列出一个长长的单子，写着你将要做出的改变，同时，还得有一个更长的、写满不变因素的单子。而事实上，这个单子或许长得根本没有尽头。

关于编程时哪些改变要写入、哪些不用写入的问题被计算机科学家和逻辑学家称作框架问题。[3]尽管针对框架问题的现有想法不少，但解决它还有很长的路要走。要弄清楚这个问题为何这般棘手，不妨想一下，为了解决它你都需要了解些什么。你必须熟知棒球的规则，同时你还得了解人类的情绪，才能理解为什么有人兴高采烈，有人垂头丧气。你也必须对人类文化了然于胸，才能弄懂为什么有人在乎比赛结果，有人不屑一顾。你甚至必须得懂一点物理学，才能明白距离球场太远的人不太可能即时知道比赛结果。而上述所有知识都融进了前述短短的几行诗里。反正，你得找出诗歌所述事件的关键点，再由这些关键点探寻出所有的相关知识。

这里还有出色的老式人工智能会碰到的另一个难题。想象你正在徒步穿过一个森林。你所迈出的每一步都是冒险。你的双脚踩过高高低低的树枝、荆棘和石头；有时你还会在碎岩和砾石上重心不稳、失足摔跤。在各个位置上，你的脚都必须配合所处的环境行动。从长远来说，它得朝着你决定前往的方向走去。而短时间内，它得避免被障碍物绊住或被黏黏糊糊的秽物弄湿。从更微观的角度说，无论地面上有什么，你的脚都必须乖乖配合。假如路上有一颗鹅卵石，它就一定得跨过去。倘若你脚下的每一个动作都是由你的神经系统计划好的，能带你避开路障、踏踏实实地踩在地上，计算出了脚步的精确轨迹，包括控制每一个脚部动作的肌肉群，这将涉及一大堆的计算，足以让一台超级计算机忙上半天。

若要算出你每一个脚步的精确轨迹，即使花不了几天也得花上几个小时绕开障碍。大多数时间里你都将一动不动，思维瘫痪，一味地做着机械枯燥的重复计算。这正是出色的老式人工智能系统所做的：它们在行动前优化和统筹一切。一套做咖啡的出色的老式人工智能系统会把大量的时间用在思量筹划上，而只花一丁点儿工夫真正做咖啡。出色的老式人工智能机器人宛如加强版的理论哲学家，想得多而做得少。

如果机器人的运算系统运转得足够快，那它可能看上去并没有花太多时间用于思考和筹划。何况当代名副其实的计算机其运算速度都快得惊人。但即使是它们中的佼佼者，相对出色的老式人工智能来说仍然不够快。当今的机器人备受瞩目，是由于它们的决策和行动借鉴了一种不同类型的计算——仿生的计算。

具身智能

罗德尼·布鲁克斯（Rodney Brooks）自 20 世纪 80 年代起任职麻省理工学院的计算机科学教授，已逾 20 年之久。他曾站在机器人技术革命的风口浪尖上。当他还是一个年仅 12 岁、生活在澳大利亚的小男孩的时候，他对机械即抱持着超前的看法，并自制了一个电子井字棋游戏。[4]与旧有思路不同，布鲁克斯没有把井字棋游戏的逻辑语句写成软件编入现成的计算机里，反之，他从零开始，硬是用废弃的金属、开关、电线和灯泡造出了这个游戏。尽管他的做法与众不同，但这款游戏还是无往不胜。

布鲁克斯看不上传统的出色的老式人工智能机器人，因为它们的任务说明必须巨细靡遗。比如，一名程序员必须小心地列出计算所需的条件（怎么做运算，怎么移格，或怎么在游戏中制胜），像严格计量的菜谱一样写下来，即写成一套算法，再让机器人遵从一系列给定的明确指令按部就班地执行。布鲁克斯并不认为一台真正的智能机器人理应需要如此详尽的指示。

布鲁克斯倡导另一种被称作具身智能的思路，其设计灵感源自生物体本身。某种动物的演化不是一蹴而就的。相反地，新物种慢慢崭露头角，年复一年，逐步积累从其祖先身上承袭的生物学功能。早期人类所面对的世界是混沌的，更确切地说，人类也是从更原始的，无法思考，只会做些如游动或蠕行、觅食与繁衍后代之事的生命形式演化而来的。它们有专门化的系统用以处理上述事务，那是一些在自然选择中留存下来且依旧运行在鱼类、昆虫及其他动物体内的系统，当然也包括人类。动物行走时，使用的是祖先们历经数百万年形成的神经通路，从游泳到爬行，再到用越来越复杂的肢体走动。那些远古时代的动物也具备感知系统，其演化成为现代哺乳动物的眼睛、鼻子和耳朵。

因此，当布鲁克斯的团队着手研发一个机器人时，他们将从一个只能说话和走路的简单装置起步。但它走得很顺利，它能够实时对所处环境做出响应，而非按照细致规划好的每一步行事。机器人的四肢通常不会由一个全能的中央处理器操控，反而每只手脚都装有弹簧、减震器和独立的开关，以便各自为政，使它能凭自身的智慧因应简单的问题。布鲁克斯机器人的四肢能在没有中央控制器发号指令的情况下，自主地躲避障碍物或自我调节以适应路况。像这样的一个机器人或许无法全凭一己之力走出复杂的迷宫，但它已经走得十分稳健了。它不会被鹅卵石绊倒或摔倒在路上，石块和沙地对它来说都不在话下，相对缓和的上下坡也能应付。布鲁克斯的想法是，更复杂的机器人将利用这种行走架构，参与更高级的任务。新的模块可能会与基本的行走模块相呼应，比如说，能够感知光线和解读视觉信号。

你或许曾见过这类机器人，艾罗伯特（iRobot）公司的伦巴（Roomba）吸尘器就是个例子。你家里甚至可能就有一个呢。它们长得像磁盘一样，在人们家里地板上转来转去地吸尘，同时既能避开障碍物也不会有滚下楼梯的危险。伦巴配有两个独立运行的轮子，以及一大堆用于告知它前方会不会撞到东西的传感器。如果一个伦巴吸尘器即将撞上一堵墙或其他物品，它会转向去其他地方。但它并没有一整套总体规划，只是朝不同方向旋转轮子而已。它的各个传感器和控制器各行其是，对其他同伴在做什么并不知情。每个部分都各自简单而有效地工作着，而总体效果令人赞不绝口：它吸走了你家地板上的灰尘。

由于较高级别的模块需包含低级别的功能，这种遵循实体智能设计机器人的方法被称为包容体系结构。这种结构把智能看作一个庞大的分层体系：高级的复杂任务表现为简单技能之组合，相应地，简单技能又以更简单的技能为基础。复杂的任务并非完全由详尽的计算和规划而达成，而是在最低的层级上依序直接对环境做出响应。布鲁克斯从未想过他打造的机器人能做任何精妙绝伦之事，但他的理念已是当代主流机器人技术的极简主义设计中不可或缺的一部分。与其将所有复杂巧妙的技能都事先注入机器人体内，今日最顶尖的机器人更应具备的是对所处环境有效因应的能力。如此一来，它们无须事先为每一个小动作都规划好算法。环境都替它们算好了。

认知革命

在有关人类思考的研究中，一场革命也已随之到来。正如旧式人工智能概念下对机器人的认知一样，认知科学中也有一个相应的老派的观点，认为人类和出色的老式人工智能共享全部的关键特质，连运转周期都大同小异。依照这个概念，人们不过是和计算机一样处理代码的人肉软件罢了，得出合理的结果并归档存入记忆体中。这种想法意味着，由人类执行海量的计算来为现实世界建模。然后我们通过计算找出最佳行动方案、储存信息并不断更新知识库，用以导向和决策。倘若这真的是我们的思维方式，那我们一定统统累得精疲力竭了。但事实上，大多数时间里我们并非为建模表述世界而忙得不可开交。

在一系列实验中，受试者被要求阅读显示在电脑屏幕上的文本。每一位受试者都佩戴着眼动仪，用以将其视线位置反馈给计算机。[5] 该研究有一个巧妙的设计：屏幕上显示的大部分都只是由随机排列的字母组成的废话，唯有一个小视窗里的文本是有实义的，也正是受试者盯着看的地方。因为计算机知道每个人在看哪里，就可以让显示实义文本的小视窗正好出现在人眼盯着的位置。因此，随着受试者的目光逐行掠过文本，视窗也在移动。实义文本总是恰好出现在视线所及之处，而周围尽是一堆杂乱无章的随机字母。研究者在实验中发现，只要实义视窗足够大，受试者完全不会意识到，在同一个屏幕上，就在他们的视野之外全是胡言乱语。文档没有任何异常，写满了有可读性的文字。通常，一个视窗的宽度可以小到 17—18 个字母，向左约可看到 2—3 个字母，向右约 15 个（由于英语的阅读习惯是由左向右）。这不过数个单词而已，不会超过 6 个。哪怕仅几个单词之外的字母排列已经毫无意义，受试者仍坚信他们读到的是再正常不过的文本。任何站在受试者身后观看屏幕的人所看到的绝大部分都是胡扯，但受试者完全被蒙在鼓里。因为他们每时每刻看到的都是有实义的信息，读者就假定这一切都是有意义的。

读者在这项研究中所经历的并非真实世界，真实世界中鬼话连篇，而他们读到的每句话都合情合理。无论他们盯着哪里看，眼中的文本都读得懂、讲得通，因此他们就断定没看到的部分也是如此。他们用一种管中窥豹的视野感知世界，对那小小视窗之外的混乱视而不见。这项研究表明，我们对世界的见识犹如盲人摸象。而我们却在为这个世界建模，还自导自演地呈现给自己看？好像也不是这么回事儿，因为还有一个更单纯的解释：受试者认为这一切是合乎常理的，因为这个世界通常都是合理的（好像心理学家、魔术师和艺术家都不常骗我们似的）。受试者感觉自己在实验中的经历一切如常，是由于他们看到的那一点点信息印证了经验中习以为常的世界。

世界总是运行如常的，这一预设惯坏了人类。这意味着我们不必凡事都死记硬背，因为信息本就储存在这世界的角角落落。如果我要知道些什么，我所要做的就是看看它。如果我需要知道什么，我所要做的一切不过是看上一眼就好。假若我需要知道本页第一句话是什么，我并不需要把它背下来，只消看一眼即可。一位从事这些实验的研究者指出，“视觉环境功能可看作一种外部存储器”。[6]

试想这项研究映射了我们日常生活中对世界拥有的哪些经验。你怎么理解此时此刻所处的空间？想想身边的物件和你之间的相对位置如何。这是你熟悉的那个空间吗？如果有台机器能来读你的心，难道不会画出一幅你当下所处环境的完整图像吗？可能你得稍稍转动一下眼睛和脑袋，或许连整个身体都要旋转才能看到全貌，但你自认为是在直接地感知环境。移动窗口范式恰恰暗示了这种理解的感觉只是表象而已。如果你以为心中早已映射了一套周围环境的空间模型，那简直是白日做梦。你所能看到的不过是眼睛紧盯的那一小部分罢了。

为何你觉得自己好像对整体空间都了如指掌？这是因为无论你看向哪里，看到的都是同一个空间。你对整体环境的认知感来自你视线范围内所有合理的东西。一切称得上合理的东西都是由于世界在按照你理解的方式运转着（家具不会飞到天花板上去；树木一直待在那里不会时隐时现）。每次你都只看到世界的冰山一角，但你知道余下的部分就在那里，在你脑海里。无论你看向哪里，你总会看到安然无恙、一如往常的那部分。世界按照你的记忆运转。你知道台灯在左边，是因为当你看向左边时，它就在那里。你可以这样说服自己：闭上眼睛，试着重建你周围的一切，越细致越好。你惯常的视线范围之外有些什么？大多数人都会惊讶地发现这个问题是多么难以回答。我们自认为脑中存有一个环境模型，巨细靡遗地表征了环境中的一切，但其实我们没有。

在第二章中，我们讨论过超忆症，患者拥有海量且细节惊人的自传式记忆。我们很好奇超忆症患者编码、储存环境的方式与我们是否相同。或许他们异于常人的记忆力使其脑内能够进行更多的运算；也或许他们的环境建模比普通人更加精确。若真是如此，他们对外部信息的需求将与我等凡人不同。但数据表明，超忆症患者在这方面与普通人并无二致。例如，患有超忆症的 AJ 也会被哪把钥匙对应哪道门这类问题所困扰。在某次实验中，她被要求闭上眼睛，说出实验者的着装。[7] 她答不上来。毕竟，超忆症最令人叹惋之处在于，他们过目不忘的是生活经历的点点滴滴，而非对这个世界的解读。

世界存储器

让我们继续本章已讨论过的棒球话题，对我们大脑的非密集计算特性做进一步说明。想象一个棒球正朝你呼啸飞来，你如何判断接球的时机？传统认知科学的答案是，你脑中的“小牛顿”会告诉你该怎么做。你开始调动一切已知的物理知识，计算球的轨迹并预测它下落的方位。[8]高中时学的微积分你大概都忘得差不多了，但你的运动系统很有可能还记得。那就是，当球向你击来时，它的路径是一条抛物线（在不考虑风速和摩擦力的情况下）。你要做的就是估算几个参数，谨记抛物线方程式，并迅速求出解，如此一来就大功告成了。方程的解会告诉你，你应该站在哪里接球。这和遵循出色的老式人工智能规则行事的机器人没什么两样。它会坐下来想一会儿，上帝保佑不会很久，接着移动到正确的接球位置（如果它的计算结果无误）。

当然，打进大联盟无须将曲线方程铭记在心。其实有一种接球的妙计几乎不涉及任何思维过程。相较于计算球的轨迹，这种策略是跑向球的着陆点。如果一个球从你对向而来，自然的反应是盯着它升空，当球朝你迎面飞来时，你可以仰头以抬高视线。此时，你的视线与地面之间有个夹角。重点来了：为了确定球落地的位置，你所要做的就是前后挪移，让这个夹角始终以恒定的速度增大。[9]为了确保球被击出后你的视线能紧盯着它，你必须不断地向上仰头（或转动眼球）以追踪球的移动。可能让你出乎意料的是，即便球已经开始下落，你仍然会继续向上抬高视线。如有机会一睹外场手接球的跑动，你会看到他调整自己身体的朝向和速度以确保他的视线自始至终以相同的速度上移。上述调整将他引向正确的拦截点。这时，他需要做的是接住球。

经严谨的实验测量发现，经验丰富的棒球和垒球运动员在现实中接球[10]和在虚拟条件下追逐不可能轨迹球的移动[11]是一致的：球员并不预测球将会落于何处。他们注视着球，稳步上升的视线将引领他们跑向正确的接球点。

此外，这种注视方向策略还有其他优势，比推算轨迹更简单易行。首先，一切你所需的信息都触手可及，几乎没有什么是你必须死记硬背的。想知道你应该注视的方向，你只需要知道地面在哪里以及你正看向哪里。想知道你注视方向的变化速度，你只需要确定你的头转动得有多快，这一点你的知觉系统已经尽在掌握了。相比之下，执行繁重运算任务的出色的老式人工智能之流需要创建一条抛物线，这意味着要在球的运动轨迹上至少找出三个点并求解。这并不容易。

注视方向策略的第二个优点在于它允许球员随时移动。球员可以也的确应当立即开始移动以加大视线与地面的夹角，而不是先做一大堆计算。这让球员有更充裕的接球时间。也难怪专业球员都是这样做的。

狭窄空间内导航是利用整个世界进行运算的一个更简洁而有力的例子。想象你正跑过一片麦田（如果你附近恰巧有田野的话不妨试一下），身旁的麦穗似乎比远处的动得更快。这必定发生在光线沿麦田表面射入你眼睛的情况下。这种地形结构反射到你的视觉系统中，创建出带你穿越麦田的系统性模式。倘若你来个急转弯，麦田也会随着你跑过的轨迹画出同心圆弧，因为那正是它们在光线的反射下映入你眼帘的样子。你所看到的是光流效果，即当你处在运动状态下，光线经物体表面反射后进入你眼睛的模式。光流遵循明确的定律。例如，假使你沿着和在麦田中相同的路径跑过一个苹果园，你也会体验到光流效果。你所见到的当然不会完全一样（也不过是苹果树和小麦的差别而已），但原理是相同的：正如离你越远的麦子似乎移动得越慢，离你越远的树也比身边的那些移动得更慢。

另一个能体验到光流效果的地方是高速公路。交通部门在路面上画行车线，助你做个遵纪守法的好司机。只要一侧的行车线看上去同另一侧的移动速度一致，你就会留在原来的车道内行驶。这一点在模拟驾驶仪的实验中得到了印证。如果你让某人坐在一台带有电脑显示器的模拟驾驶仪上，且设定一侧的行车线比另一侧走得更快，他将会向较慢的那一侧靠近。交通部门利用的是人们对光流的敏感性，当希望司机在某处减速时，他们会把行车线漆成一种特定的样式，这会导致车子看上去开得比实际上要快。这个巧妙设计在高速公路的出口匝道处尤其见效。

人们进门的时候也会用到光流。假设你想从门的正中央穿过，而不会撞到门框，一种方法是预测你与门之间的距离、门的宽度，并算好应以多大的角度从门中间穿过。出色的老式人工智能机器人就会这么干。这需要进行大量的计算和判断。如果你这位机器人时间有限，进行这类估算可能就心有余而力不足了。这里有个更快捷简单的办法：穿过门口的过程中确保两侧的门框以相同的速度靠近你（更确切地说：确保你两侧的光流是对称的）。仅此而已。如果你能这样做，你走进哪个房间都不会撞疼肩膀。而人们平日里就是这样做的。我们知道，事实就是如此，因为在利用虚拟现实技术创造的情境中，如果人为地提高某侧光流的速度，人们则不再走在走廊的正中间，他们将移步光流较慢的那一侧。[12]

光流对蜜蜂和其他昆虫而言也有类似的用途。[13] 蜜蜂利用光流飞入蜂巢并指引自己穿过通道。这一点已由让蜜蜂飞过两侧光流速度不一的通道这一试验佐证。蜜蜂总是更靠近通道中光流较慢的那一侧。如果蜜蜂和其他昆虫能这样做，说明它不需要太多的计算，这一定非常简单。

上述这些研究表明，人类（和虫子）都不是老派建模师的作品，行动时不时就会被超负荷计算打断。相反，人们利用生活中的事实，比如球面等表面的光学，以简化他们的做法。许多例子证明，答案并不在我们脑中，它在整个世界里。这不仅仅对接球和进门之类的动作有效。当我们刷碗时，那堆脏碟子告诉我们现在该做什么，每个盘子的光泽显示出它干净与否，而不再滴水则说明我们可以把盘子收起来了。我们几乎不用记住任何东西。同样地，当我们阅读时，我们只要专注于眼睛当前盯着的那一串文字即可。这一页上的其他字自会乖乖待在原地，不会逃跑的。

先前讨论的阅读和接球的例子说明，我们并不是把每一样东西都存在脑子里。在最基本的运作层面，我们把整个世界当作存储器。在更高的层面上，这不是明摆着吗。桌上堆积如山的文件提醒我们不得不做之事。渐渐地，排队躺在收件箱里的电子邮件宛如写满任务清单的便条纸。行事日历，无论纸质的还是电子的，也是为着相同的目的。接下来将要讨论的是，我们何以把自己的身体作为一部格外实用而灵活的记忆库。

大脑，心智的一环

你觉得心智落脚何处？大多数人会说在大脑里。[14] 人们都认定思维这一人类最伟大的能力，必以最复杂的器官，即大脑为中心。如果这种对于心智的看法是正确的，它对你如何执行简单的任务即有所暗示。假设你想要判断一张普通日常物品的照片，比如喷水壶的照片，是正立的还是倒置的，你所要做的就是瞧一眼那张照片并询问你的大脑，那件东西正常摆放时的方位是怎样的。接下来，如果你发现照片中的物品方位如常，就回答是，反之则回答否。

在一项实验中，受试者被要求做这样的测试：有时用左手按下按钮回答是，而有时用的又是右手。实验进行得还不错，人们对任务没有疑问且反应时间都在半秒之内。但测试者很狡猾，他们改变了一个小小的细节，一个按说不重要的细节：照片中的物体是朝左还是朝右。例如，在一半受试者看到的图片中，喷水壶的手柄是朝向右侧的，而另一半受试者看到的则是朝左的。如果你判定物体方位的正立和倒立时，参考的都是大脑内储存的知识，那么手柄在左还是在右理应没有差别。但它确实有。当受试者给出肯定回答且使用右手操纵按钮时，他们对手柄朝右的照片反应时间更短。而当他们回答“是”的按钮被设定在左手的时候，受试者对手柄朝左的照片反应更迅速。[15]

这项实验表明，展示一张手柄在右的器皿照片会让你觉得右手用起来更自如。你看到照片时，便不由自主地立即开始调动你的身体，与照片中的物件互动。尽管那个手柄只是一张照片而已，它依然召唤着你的右手而非左手。这真的只是一张照片。右利手确实加快了你行动的速度，而那个有关物体方位的提问和动作并没有什么关系。通过优先手与物体的互动可见，你的身体直接影响你回答问题所需的时长。这可不只是把答案从脑袋里翻出来那么简单，相反，你的躯体与大脑同步对照片做出反应，找出答案。

我们运用身体进行思考和记忆的例子层出不穷。一项研究表明，再现一个场景会比其他任何记忆术[16]都更有助于回想起当时的情景。由这类证据推出的结论通常被称为具身化[17]，主张身体在认知处理过程中发挥着重要的作用。思维借由与思考对象的互动运作，而不是在心里的小黑板上做计算。

诸如一张纸或一面黑板之类的外援使计算变得容易多了（计算器作用也是如此）。在某些文化中，人的整个身体被当作一套数字系统。新几内亚的奥克萨普明人[18]将身体各部位依序对应27个数字。这一序列始于一只手的拇指，向上到鼻子，接着向下到另一只手的小指。因此，他们的计数系统是二十七进制的。在其他一些文化中，也存在着与身体相关的数字体系。西方文化可能亦在其列。我们对十进制的倚重可能正是因为我们有10个手指。别忘了孩子常常用手指帮他们数数呢。

认知是思考与所思考对象的统一。[19]当我们谱曲时，我们脑中浮现的曲调与嘴巴或乐器发出的声音属同一进程且高度相依。当你真的拿着一把吉他在演奏时，拨动琴弦可谓轻而易举，当你把想到的单词或算式写下来时，拼写和计算也就容易多了。总体而言，当思维与现实世界存在交点时，思考确实会更有效。这一事实告诉我们，思维不仅仅是发生于大脑内部的一个虚无缥缈的过程。精神活动并不止于大脑。事实上，大脑只是处理系统中的一环，系统中还有我们的身体和这个世界的一切。

我们甚至将情绪反应作为一种记忆。当我们对某件事表现出愉悦、痛苦或恐惧的时候，我们知道哪些要留意哪些要避免。美国南加州大学的神经科学家安东尼奥·达马西奥（Antonio Damasio）将这些反应称作躯体标记（somatic marks）[20]，源于希腊语中“体”（soma）一词，意即身体。身体产生感觉以使我们自觉和自省。愉悦时，我们产生积极的情绪反应，即感觉良好。身体告诉我们此时应该集中注意力，享受当下。这就是为什么法式甜点能让我们垂涎欲滴。身体总设法让我们专注于眼前的美味。不悦时，我们会产生厌恶或恐惧之类的负面情绪反应。身体警示我们应避免这个选项，因为它可能是传染性的，从某种角度来说可能是危险的，或单纯令人生厌而已。一项恰到好处的厌恶反应能帮助我们摆脱万恶之源。一滩褐色液体流淌在街道中央或许可以被人接受，但如果那是一种不洁之物，情况就不太妙了。类似的教训还适用于恐惧反应：遇到蛇或敌人的时候恐惧或许是有用的，但不能随便遇到一个陌生人就吓得胆战心惊。

这些情绪反应影响着我们的决策过程。它们决定着我们要考虑些什么以及哪些在备选之列。我们会更仔细地考虑那些不令人生畏的东西，比如，我们倾向于去琢磨法式蛋糕而非一滩令人作呕的黏液。从这个层面上讲，情绪反应不仅影响思维，还会取而代之。

这些反应源自何处？人们不禁产生一种假设，其中一些反应是与生俱来的，是数千年来人类与蛇的危险遭遇在基因中烙下的恐惧。或许还真是如此。当不安的感觉已到了一发不可收拾的地步，恐惧症便发作了，而常见的恐惧症又往往与远古记忆中的危险事件息息相关：蜘蛛恐惧症（对蜘蛛的恐惧）、恐高症（对高度的恐惧）、广场恐惧症（对开阔或拥挤空间的恐惧）。这些恐惧都涉及一些威胁到我们祖先生存演化的因素。未来可能会出现诸如 mp3 播放器恐惧症或宝马汽车恐惧症之类的例子，但我们目前还一无所知。这两种新型恐惧症也很难在自然选择中被筛选出来。但总有一些恐惧是无法用演化的观点加以解释的。有些人非常害怕搭乘飞机（飞行恐惧症），有些人对腹语术表演退避三舍（假人恐惧症）。这一类恐惧源于长时间地暴露在某种刺激下，或可能需要一些观念或文化方面的依据。例如，对搭飞机的恐惧可能与飞机难以操作这一信念有关。飞行打破了我们对物理学的因果观。这个又笨又重的金属大块头怎么可能离开地面升上万里高空呢？

厌恶反应是一种器质性或躯体性的信号，提醒我们应当远离那些有害健康之物。我们对不良事物感到恶心，这种恶心之感亦有助于我们对秽物避而远之。我们不仅对体液和其他带菌体感到恶心，也对某些特定的行为感到厌恶。一些心理学家提出厌恶感是道德判断的驱动器。[21] 有些人认为同性性行为是令人反感的；更多人觉得兄弟姐妹间的乱伦更加恶心。对某些特定行为产生的惧怕或嫌恶之感可以被视作一种抽象层面的躯体标记。身体提供反馈，告诉我们这种行为是否合宜。幸运的是，我们（慎思的侏儒）仍保有遵循或反抗身体意见的选择权。

这些不过是我们利用身体进行思考和记忆的几个例子而已。重点在于，我们不应把心智当成只会在大脑里进行耗时抽象运算的信息处理器。大脑、身体和外部环境一同致力于记忆、推理和决策。除了大脑之外，知识的传播还要经由整套系统才得以完成。思维不止活跃在脑内的舞台上，它还负责调动储存在大脑、身体以及世界各地的知识以成就智慧的行动。换句话说，心智并非附属于大脑的一部分。恰恰相反，大脑是心智的一环。大脑及其他相关部件都是受心智操控，用来处理信息的工具。

到目前为止，我们已对人类何以在个体相对无知的条件下掌控周遭一切这个问题给出了部分回答。当人们能够借助外力时，个体也就不显得那么无知了。整个世界，也包括你我的身体在内，像内置记忆卡和外接存储器一样扩充了我们的知识库，否则我们将更茫然无知。在下一章中，我们将看到人类启用的一套更强大的存储装置和处理工具：其他人。

第六章 他人的智慧

我们已经看到，思维为支持复杂行为而演进。心智处理信息，因而个体能够采取行动，进而使他们能够依自己的喜好改变环境。我们也看到，思维利用环境处理信息。作为储存器的世界也是思维处理的一环。但是每个人的思维所能做的也不过如此了。在自然界中，我们常常看到复杂的行为由众多个体合作而成。当多个认知系统协同作业时，群体智慧的出现超越了每个个体的能力所及。

蜜蜂就是个极好的例子。蜂巢复杂得离奇，远比它各个部分的总和要复杂得多。蜂巢所采取的策略与企业如出一辙：不同的个体在群体中扮演不同的角色。其中有工蜂：一些保护巢穴、采集花蜜和花粉、制作蜂蜜供寒冬补给、用蜂蜡建造储存食物的巢脾并喂养幼虫的雌蜂。有蜂后：负责组建一个新蜂群，然后交配和产卵。还有雄蜂：一些离开原生蜂群并与其他蜂群蜂后交配的雄性。蜂巢本身经过了精心周密地组织筹划。蜂蜜和花粉储存在靠近蜂巢顶部的蜂房中。发育中的幼虫栖身于靠近底部的蜂房，工蜂、雄蜂和蜂后也在此，它们在独立的区域内发展成熟。

蜂巢通过合作解决了不少难题。工蜂收集和储藏食物，使蜂群在花粉和花蜜都无迹可寻的寒冬仍供给不断。工蜂还保护蜂巢免受入侵者之扰，捍卫食物和幼虫。基因多样性借由蜂后同来自其他蜂群的雄蜂交配而引入。

任何个体都无法独当一面。工蜂无法独自完成交配，雄蜂无法自给，蜂后无法独立保护蜂群。大家各司其职，而且做得相当专业。工蜂并不知道它们是工蜂。雄蜂也意识不到它们是雄蜂。它们埋头干着演化为其设定好的工作，整体能够运作是因为每个个体都担负起这极端复杂的行为系统中相对简单的一部分。

人类个体可比一只只蜜蜂聪明多了。但从另一个层面上看，人类和蜜蜂有一项相同的特质：我们都利用多个实体的协同作业来造就大规模的智能体系。人类能成为空前复杂而强大的物种，不仅取决于个体脑的成就，还仰赖于群体脑的协作。

狩猎共同体

一个物种的兴亡取决于几项因素，如何获取食物就是其中之一。自 19 世纪末以来，人类学记录一再证实，古人类堪称世界历史上最伟大的猎手。从非洲到中东到欧洲和美洲，大规模带有人工宰杀和屠宰痕迹的动物骨骼遍布世界各地。古人来者不拒，包括当时活跃在地球上的巨兽们：猛犸象、大象、犀牛、欧洲和美洲野牛。他们无往不胜，以致人类的猎捕行为竟成为众多大型哺乳动物灭绝的主因之一。我们骨瘦如柴的祖先们战绩斐然，杀死的猎物远超其体形数倍。在人类崛起之前，猎捕的成功全凭绝对性的体能优势：

力量、体形或速度。而人类与其卓越的思维能力一同登场，仿佛一夜之间，那些庞然大物们变得不堪一击。

考古学与民族学研究者已重现了部分古人类用于达成上述壮举所使用的技术和策略。狩猎毫无疑问是一项集体事业，需要相当程度上的合作与个别化的劳动分工。集体狩猎往往有数十人参与行动，体现出高度的复杂性和协同性。其回报也相当可观。每次出征，猎人们总能收获大量的巨型动物，维持几个月的生计不在话下。

人类学家约翰·斯佩思（John Speth）描述了在更新世晚期的美洲西北部，伴着最近一次冰期尾声发生的集体猎牛行动。[1]猎人们驱赶着牛群，有时他们要走上数英里，直到他们已铺设好陷阱的位置。这些陷阱可以是能圈住动物的天然旱谷，也可以是人为搭建的围栏。有时，猎人们会故意将牛群赶下悬崖，让它们坠崖死亡。

这些猎人需要大量的专业知识、精心的筹划以及紧密的配合才能完成这次行动。狩猎行动由一名悉知野牛行为的巫师统领。为了控制牛群的行为，巫师需要拥有历经多年实践积累的专业知识。他把几样拿手把戏用得炉火纯青，比如披上野牛的毛皮充当卧底，让动物们视他为同类。而且，他还是个牛群首领。狩猎团体的其他成员战略性地选择一些节点沿路蹲守，以确保动物被赶向预定的方位。守在陷阱附近的猎手们伺机而动杀死野牛。整个行动是经过周密安排的，以确保万无一失。如果动物们察觉到了人类的气味，变得警觉起来，或在抵达陷阱之前就逃之夭夭，那整场猎捕行动就毁于一旦了。

置动物们于死地只是狩猎的目标之一。一旦动物被宰杀，它们的肉就必须被肢解和保鲜。这也是一项重大而艰巨的任务。试想分割并储存一大群每只重达3 500磅[①]的野牛得耗费多大的力气。这需要整个社群齐心协力才办得到。

诚然，个体智慧在狩猎中还是有用武之地的。制造有效的武器、预测动物在受到威胁时的反应、宰杀并保鲜肉质都需要令人钦佩的智慧。但在一次狩猎行动中，这些远不足以捕杀一群野牛，更别提如猛犸象那样的巨兽了。没人能凭一己之力做到这些。而认知劳动分工让这一切成为现实。共同体中的每位成员各掌握一项对整体目标有所贡献的技能，比如巫师贡献出时间和精力去掌控牛群。但前提是共同体中的其他人，掷矛的、屠宰的、生火的，他们各司其职。当认知劳动被分化时，效能和功率将获得爆炸性的增长。

这种基于认知劳动分化的爆炸性增长可见于建筑物的施工过程中。凭个人之力能够搭起一顶帐篷甚至一座木屋。而建造一处带有室内管线、绝缘层、恒温器、功能齐全的厨房以及家庭娱乐系统的现代居所，则需要群策群力。当今的住宅建设涉及多个工种：测量师、挖掘机师、搭架工、砌砖工、屋顶工、水管工、木匠、油漆工、泥水匠、电工、橱柜安装工、园林师、石膏板与窗户安装工，以及铺地毯的工人。有些人或许一专多能，但没有谁能单独挑起上述所有重任，做得合乎法规又让今日的消费者无可挑剔。

大型建筑的施工，从古埃及金字塔到现代摩天大楼，无一不需

① 1磅=0.453 6千克。——编者注

要认知劳动的分化。中世纪大教堂的建造者更多的是四处游历的石匠和其他技艺娴熟的技工：采石匠、泥水匠、砂浆工和泥瓦工。当然还有资助人、建筑师以及工程之初所需的其他设计师。建造这些大教堂被视为一项耗时达数十年乃至上百年的集体工程。大多数建造者并不指望有生之年能看到教堂落成。正是共同的努力与所有权的公共性成就了今日世界各地许多大教堂惊人的宏伟、壮丽和永垂不朽。

这些例子说明了心智的一项关键特质：其演化历程不是个体独自奋斗之路，而是群体协作的过程。连思维的演化都是彼此相依，结合在一起的。正如一个蜂巢，当每个个体独当一面时，群体智慧将大于各部分的总和。

智力爆炸

现代人类从其他原始人科动物，即那些灵长类亲戚当中分离出来自立门户的时间，在演化史上短得宛如白驹过隙。这场演化始于两三百万年前非洲大草原上人属物种的出现，随着近 20 万年前现代人类的兴起而结束。这段时期内人类最重大的飞跃是认知。与祖先相比，现代人类既没有更快也没有更强，他们的优势在于脑容量。现代人类的大脑重量大约是其祖先原始人类的三倍。[2] 人类学家把这种脑容量的猛增称作脑化（encephalization，其中“encephalic”意即与大脑有关的）。如此迅猛的增长给演化理论出了一个难题。大脑可不是省油的灯，耗能极大。由于体内可供使用的卡路里是有限的，我们的体能势必要减弱一些作为妥协。[3]更大的脑同时也意味着更大的颅骨，随之而来的就是分娩过程中痛苦与危险性的增加。撇开有这么多得不偿失不谈，我们到底是怎么在短时间内变得如此聪明的？

作为现代人类出现的标志，脑容量和智力的爆炸有多种解释。生态学理论假定这种爆炸源于个体因应环境能力的增强。例如，更强的觅食能力，如撬贝壳或剥毛皮之类的高难度动作成为高级人科动物的绝佳优势。它们由此得以获取更多的热量。相应地，若能掌握更大范围的心智地图，可获取的食物资源也随之增加，这样，体能也就更上一层楼了。

与侧重个人能力的生态假说相左，另一种观点认为，正是追寻复杂且一致的目标的多重认知系统的协调性，推动着人类智能的演进。这被称为社会脑假说。它将智力的增长归结于人类社群组织规模和复杂性的增加。正如我们在狩猎的例子中看到的，群居生活确有其优点，但也需要某些特定的认知能力。这要求人们有能力进行复杂的沟通，理解并吸收他人意见，以及分担共同目标。社会脑假说认为，与群体生活相关的认知需求和适应性优势形成雪球效应[4]：团体越来越大，随之发展出越来越复杂的联合行动，个人也发展出新能力以适应这些行为。这些新能力反过来使组织扩充得更大，并让组织行为精进得更加复杂。

狩猎是协同作业随时间推进而日益复杂的一个例子。早期的原始人类猎手必定足够机智，团团围住形单影只的猎物使它无处可逃（犬类亦是如此）。在社群发展到足以协作猎捕、宰杀和肢解数十只野牛之前，人类有上千年的漫漫长路要走。正是这样的狩猎能力将现代人类与先前其他物种区分开。狩猎在人类演化上可能起着至关重要的作用。[5]

人类学家罗宾·邓巴（Robin Dunbar）以多种灵长类为样本着手检验这两个相悖的假说，即生态假说和社会脑假说。[6]他收集了脑容量及与生活环境相关的信息，例如活动范围和饮食习惯，还有诸如群体平均规模之类的社交状况。事实证明，脑容量与社群规模密切相关。社群规模更大的灵长类物种有更大的脑。相比之下，某些环境指标，如领地大小和饮食，同脑容量就互不相干了。这一发现表明，较大的脑专为因应群体生活的必备技能而设计。

最显而易见的例子是语言，一项涉及同他人配合并仰赖复杂心智过程的功能。许多物种皆有能力进行简单的交流。蜜蜂通过一种舞蹈和外激素的分泌向其他个体传达花蜜高产区的地理位置信息。蜂巢的成功也仰赖交流。数量庞大的工蜂能够搜寻到丰沛的蜜源并让蜂巢中的其他成员获悉它们发现了宝藏与否。通过交流各自的发现，蜂群得以将觅食之力集中于最佳的蜜源。交流让蜂巢运行如常。

但通过舞蹈和外激素能传达的信息也就到此为止了。交流能力的桂冠显然非人类莫属。让人类脱颖而出的，是那种通过语言就能恰如其分地交流任何复杂想法的能力。凡是集体狩猎的动物或许都能在其协作行为中进行适当的交流。但早期人类所掌握的狩猎行为要求对更复杂的概念进行无偏差的沟通：空间概念指示出猎物所在地以及它们将被赶向何方，与此同时，还有关于驱赶兽群、杀死动物和屠宰肢解之类工作如何进行的复杂因果概念，更别忘了瓜分战利品的时候更是要靠语言来讨论。

假设我们一起狩猎，那么若能提前获知接下来你要做什么，对我未尝不是好事。我不仅能够从交流中了解你的意图，还能据此推理出你的行为。如果我看到你拉起弓和箭，瞄准一头野牛，此时我会本能地推断你想要射杀这头猎物。做出这项推论所需之心理机制多得惊人。我必须由你的行为（举起弓箭并瞄准）反推出你的意图（射杀野牛）。这需要了解或厘清一些与你的欲求（你想杀死一头野牛）及信念（你知道通过射箭可以杀死一头野牛）有关的东西。这还需要对你的性格有所了解（你的价值观不反对杀野牛）。假使我继续坚守岗位，让你独自前去射杀野牛，这表现出我对你的信赖，你是个可以合作的伙伴而且不会私吞猎获的牛肉。这种针对他人心态的揣测总是自发且不费吹灰之力的。人们在推测他人意图和心态方面当然各有千秋，但每个人多少都能在一定程度上这样做。狗在这方面做得也不错，但远不及人类。没有哪只狗能从你拉弓射箭的动作中推断出你的目标是射杀一头野牛。揣测他人的心理状态对大规模群体协同作业而言是至关重要的才能。

共享意向性

人类能做到的事情比理解他人意图要多得多。人类具备一项其他机器或动物的认知系统均不可企及的能力：与他人共享对某事的注意力。当人类与他人互动时，他们不仅仅在共事，而且还知道彼此正在共事。认识到他们正在共享注意力比共事本身带来的改变更大，这还改变着他们的行为以及影响到他们通过与他人合作能够达成什么。

注意力共享是在知识共同体中分担认知劳动的群体迈向充分合作的关键一步。一旦我们能够共享注意力，我们便可做些更不同凡响之事：共享彼此的观点。我们知道他们知道的，我们知道他们知道我们知道的（当然我们也知道他们知道我们知道他们知道的，以此类推）。知识不止散布各处，它还是被共享的。一旦知识以这种方式被共享，我们便可以共享“意向性”，一齐追寻共同的目标。共享意向性作为人类的一项基本能力，使我们得以合作共事。[7]

上述观点在很大程度上脱胎于伟大的苏联心理学家列夫·维果茨基（Lev Vygotsky）在 20 世纪提出的学说，他认为心智是一个社会实体。维果茨基并不赞同以个体智力为标准划分人类与其他动物。其标准应为人类能够从他者、文化以及人际合作中学习：人与人通过集体活动建立密切的联系。维果茨基的洞见也成为知识共同体这一理念的奠基石之一。

迈克尔·托马塞洛（Michael Tomasello）与其同事多年来在德国莱比锡的马克斯－普朗克研究所致力于演化人类学研究。通过对人类儿童与黑猩猩的观察，他们对共享意向性如何发生有了更深刻的认识。[8]为何人类长大成熟后就开始了充斥着文学艺术、高等教育和尖端技术的生活，当然也包括合法化的大麻、烈酒以及西部乡村音乐，而今日黑猩猩的社会风貌同它们刚刚走上演化舞台时并无二致？

托马塞洛的团队观察到这样一个现象。一名成人和一个婴儿同处一室，房间里有一只不透明的桶。婴儿看到成人指着桶，如果成人说那是蓝色的（桶的颜色），婴儿会很困惑：他想表达什么？他究竟指的是什么？他想引导婴儿的注意力放在容器的形状、颜色、材质还是其他属性上？现在，试想他们俩在玩一个游戏：成人把一种物品藏起来让婴儿去找。当成人在玩游戏的过程中指着桶时，婴儿应将他的目的理解为：告诉婴儿哪里能够找到被藏起来的物品。研究人员发现 14 个月大的婴儿就能完成这项任务。在上述情境中，他们理解了成人的意图。黑猩猩及其他类人猿无论长到多少岁都对此项能力望尘莫及。

黑猩猩和其他猿类也是高级动物，但它们无法共享人类的意向。猿类可以循着人类的视线看人之所视，但对游戏中人类所指之事物就无法领会了。它们无法将注意力集中到游戏中特指的那样物品上，也不知道人类正和它们聚焦于同一件东西。猿类不会这样想，“嗯，那个人正试图让我和他关注同一个我们正在一起玩儿的东西”。猿类能察觉到人类正试图达到某种目的，但它们无法通过注意力共享进行合作，因而，它们也无法朝着共同的目标努力。

不妨以手势为例。手势是人类交流的重要组成部分。我们用手势传递信息（指指点点或动作模仿）、表达共鸣（张开或抱紧手臂）或提出请求（向某人招手或点头示意）。9 个月大的人类婴儿会用手势将他人的注意力吸引到他们关注的事物上去。相比之下，黑猩猩和其他猿类的手势仅供操作之用，向同伴示范动作或对要求做出回应。人类用手势来共情，猿类用手势来把事情做完。

在托马塞洛与其同人的另一项研究中，曾有一名成年受试者在与儿童共同完成任务时中途放弃。儿童会鼓励受试者继续下去。当他对黑猩猩做出同样的表现时，黑猩猩从未试图鼓励受试者。“人类儿童①，”托马塞洛和他的团队写道，“与黑猩猩不同，他们常常似乎只是为了合作而合作。比如，他们在社交游戏中合作，在玩具机游戏中亦然，当他们在游戏中赢得一件玩具时，往往会把它放回机器里去，再重新玩一次。”[9]孩子们为了获得参与感而想要参加游戏，黑猩猩则无法领会参与的意义所在。

在上述每一个例子中，让人类脱颖而出的是他们的能力，甚至是他们的需求，与他人共事之需求。人乃为合作而生。

共享意向性的能力支持的或许是人类最重要的才能：储存并将知识一代代传递下去的能力。这便是人类学家所谓的文化累积。知识的传递由我们的社会脑通过语言、合作以及劳动分工逐渐创造出文化。这是人类制胜宝典中最关键的绝招之一。人类能力的持续升级并非源于个体智能的提升。[10]与数百万年来不思进取的蜂巢不同，我们共同追寻的志业变得愈加复杂，同时我们共享的智慧也越发强大。

社交技能与智力通常被认为是此消彼长的。随便挑一部 20 世纪 80 年代的电影，你都会看到一个典型的书呆子形象：一名杰出的数学家或物理学家，但极其不擅长跟异性交往。这些描述掩盖了个体智能与群体智慧间的深层联系。正如我们马上将看到的，我们当中

---

① 在原始的实验记录中，儿童（children）一词误写作“hildren”，原书中有更正。——编者注

最聪明的人，即从某种意义上说的最成功的人，很可能是那些最能理解别人的人。

作为常态的团队合作

共同认知演化的痕迹无处不在。看看小孩子们的互动就知道了。无论和成年人还是同龄人一起，大多数孩子都能积极地参与到团体思考当中。他们一同做游戏、角色扮演、解决问题，还为此争论不休。

成人之间的互动也并无二致。倘若你和朋友们围坐在桌边说笑话，大家会依次轮流说。偶尔，也会有某个能说会道的人口若悬河，其余的人就只有听的份儿了。但绝大多数对话仍是共同参与的。笑料往往从各自提出的想法以及对彼此天马行空的回应中迸发出来。

这可不仅限于你和朋友怎么消磨时光。科学实验室里的学术会议也如出一辙。研究员们围坐一桌，房间内通常配有某种视觉上的辅助设施，如幻灯片或白板，每个人都贡献一点知识和见地。问题被提出来，有时问题能获得解答，各种假设迸发，分歧点被记录在案，也有可能大家达成共识，所有这些都发生在一系列相当混乱的轮流发言与回应之间。

在很多情境中，这是让事情圆满告成的不二之法。近来，医院通常使用团队战术来护理病人。术业有专攻的医护人员，包括医生、护士、医学实习生、技师、药剂师和照护管理员，协同作业。

他们当中并无明确的领导者，但不同于单纯的专家大集合，在最好的情况下，这相当于提供一套优于个体之和的群体智慧。客机的飞行也由一整套体系保驾护航，包括飞行员、副驾驶员、航空交通管制员和在现代航空器中发挥着重大作用的自动飞行系统。今日，这么多重要的决策都由集体做出，从政策制定、陪审团判决到军事战略部署和体育比赛战术。平心而论，这才是常态。

知识是如此的精密复杂，以至最前沿的科学进步都需要庞大的团队力量。如果你是一名从事基础研究的物理学家，你不难明白，2012 年希格斯波色子的发现可是个了不起的大事件，甚至称得上重大突破。这一发现有助于物理学家认清此前未知的最基本的物理规则。希格斯波色子是谁发现的？人们很容易将这项殊荣归于彼得 · 希格斯（Peter Higgs）和弗朗索瓦 · 恩格勒（François Englert），他们也凭此举荣获 2013 年的诺贝尔物理学奖。而事实是，若没有上千名来自 40 个国家的物理学家、工程师与研究生的努力，希格斯波色子将永远不会进入我们的视野。对该发现起着至关重要作用的物理学论文的作者有近 3 000 人，更别提建造和运转那个耗资 64 亿美元，位于欧洲核子研究中心，用于观察希格斯波色子的大型强子对撞机的全体工人了。没人能单独完成这个复杂整体的哪怕一小部分，各项工作都要求专业化的技能，而这些技能分散在数千人手中。

心理研究表明，人们无须多想，天生就会分化认知劳动。[11] 试想你正和朋友准备一顿特殊的晚餐。你厨艺非凡，而你的朋友是葡萄酒达人，业余品酒师。一位邻居恰好路过，告诉你们俩街口的酒行新进了几种上好的葡萄酒。酒的种类很多，因此要记住的东西真不少。你得花多大力气才能记下邻居提到过的酒的名字？何不劳烦你旁边的这位葡萄酒行家来记住这些信息？如果你的朋友不在身边，你或许还值得努力试试。毕竟，了解一下晚宴上该配什么酒也不错。但你的行家朋友大概不费吹灰之力就能让这些信息烂熟于心。

这种效应已在托尼·朱利亚诺（Toni Giuliano）和丹尼尔·韦格纳（Daniel Wegner）的实验室中得到验证。他们要求一些约会超过三个月的情侣记住一组事物，比如特定的电脑品牌。他们要求这些情侣评判他们当中谁更熟悉每种事物（例如，倘若一方是计算机程序员而另一方是厨师，那么前者在电脑方面就更加专业）。研究者发现，情侣们会分配需要记忆的项目，相应领域里的行家会分配到更多的任务。在情侣中只有一人擅长任务涉及事物的情形下，内行记得更多，外行忘得更快。当任务在同伴的专业范畴之内时，人们会少花些力气去记忆那些事物。换句话说，大家都把任务推给更擅长的人。人们倾向于在自己的一亩三分地里为认知劳动的分工贡献出最好的一面。我们依赖其他专家们记住其他事情。

语言、记忆、注意力，所有的心智功能皆通过认知劳动的分化分配到整个社群中。

模糊的知识边界

自然状态下的认知劳动分化意味着，团队中人与人的想法和知识并无明确界线。有多少时间都被浪费在争论究竟是约翰·列依

（John Lennon）的深邃还是保罗·麦卡特尼（Paul McCartney）的天才成就了披头士乐队？我们觉得答案是显而易见的：1957 年 7 月 6 日，在英国利物浦的圣彼得教堂，就在约翰即将带着他的采石工乐队登台之际，约翰被引荐给了保罗。正是这次会面开启了他们的合作，并与乔治和林戈一起创造了披头士传奇。那非凡的、变革了流行文化的创新精神并非个人功绩，而是源自他们的互动。

本书的构思过程也经历了共同协作，最密切的合作者莫过于我们的同事克雷格·福克斯（Craig Fox）和托德·罗杰斯（Todd Rogers），他们是分别来自加州大学洛杉矶分校和哈佛大学的心理学者。我们都对无知和错觉有所体悟，也对如何科学严谨地评测它们自有见地。我们之中是谁提出了关键的想法？这是个伪问题。我们都提出了关键的想法。就算我们能够再现多次碰面讨论时谁说了什么话，我们还是不会把功劳归于个人。这些想法源于我们共同参与的对话。

当新点子出现时，通常很难把它们归功于任何一个人，因为许多人都在讨论中提供了至关重要的一块拼图或某些灵感妙计。整个团队，绝非任何个人，都应得到赞誉（或责备，视情况而定）。该过程涉及大量的思考，而每个人的认知过程都与其他人的交织在一起，这一思考过程所孕育出的点子属于整个团体。

参与者纠结于某个想法该归在谁名下，这一状况在团队合作中司空见惯。在撰写本书期间，我们屡次上演下列对话：

菲利普：我有一个好主意。我们试试 X 如何？

史蒂文：等一下，三个月前我提议 X 的时候你可是讨厌这么做的。

菲利普：（沉默 10 秒）。嗯。我想其实这是个相当不错的主意。

为什么会发生这种情况？因为个人思维与团体思维是如此密不可分、边界难寻。如果你让人们评估自己对一个集体项目的贡献占比，他们会以无法估量为借口往自己脸上贴金。[12] 如果真要这样算，大家的贡献值相加绝对不止 100%！例如，已婚夫妇被要求各自评估他们所负担的家务劳动百分比。[13] 两方的平均值皆大于 50%。这种自我高估的倾向会引发矛盾，特别是当其他成员的贡献遭到贬抑时。我们在团队合作中彼此相依，因此准确列出每个人做了什么是极其困难的，认清这一点才是明智之举。

就像人们说不出自己的职责范围以及别人的工作从哪里算起，人们也分不清哪些知识是自己的，哪些归别人所有。只要知识在共同体中触手可及，人们就感觉自己无所不知了。试想你偶然翻到下面这则剪报。[14]

2014 年 5 月 19 日，《地质学》（*Geology*）杂志的一篇研究报道了一种新岩石的发现，科学家已对它进行了透彻的研究。该岩石与方解石类似，但它能够在没有光源照射的条件下自行发光。该研究的作者雷特诺（Rittenour）、克拉克（Clark）和徐（Xu）已全面掌握了其发光机理。他们详述了矿物的外观特性，并拟订了进一步的实验计划。

你认为自己在多大程度上弄懂了这种矿物是如何发光的？你大概没什么头绪。毕竟，你不可能听说过这种岩石，因为它是我们瞎编出来的，何况仅凭剪报提供的信息你也无法自己理出来龙去脉。如果报道中提到的科学家——雷特诺、克拉克和徐，尚未对岩石的发光原因做出解释，会让你对该矿物理解发生变化吗？科学家们的一知半解会降低你的理解程度吗？恐怕也不会。那么，别人理解某一新知的程度究竟对你的理解力有何影响呢？

在这种情况下，可能是你的直觉在作怪。我们将上述杜撰的报道展示给一组受试者，并给另一组受试者看一个类似报道，两者唯一的差别是后者提及科学家尚未搞清楚该矿物的发光原理。我们请两组受试者分别给自己对发光岩石的理解程度评分。当科学家们尚未查明时，受试者也会表示自己没太弄懂。部分受试者对知识的理解源于别人的理解力。仅仅告诉受试者某现象已为科学家所掌握，就能改善他们对自己对该现象的理解程度的判断。我们已直截了当地告诉受试者，本实验的兴趣点在于个人对自身理解程度的判断。这就像人们怎么也分不清自己和他人的知识边界所在。

在某种程度上，这完全在情理之中。我何必非要把信息都塞进自己脑袋里？如果你向我打听一个电话号码，它是记在我脑子里，还是写在我口袋里的一张小纸条上，或者被我身旁的哪个人记住了，又有什么关系呢？我当下所能做之事又不取决于我的脑袋里存着什么知识，而是在需要时哪些知识是我触手可及的。

再来看看下面这则虚构的剪报。

> 2014 年 5 月发现新岩石的研究已被 DARPA 列为机密，该机构的科研人员已对这种岩石进行了全面的了解。该岩石与方解石类似，但它能够在没有光源照射的条件下自行发光。该研究的作者已全面掌握了其发光原理；他们详述了矿物的外观特性，并拟订了进一步的实验计划。下一阶段的实验仍属机密，因此外界尚无人取得有关这一新岩石的情报。

为了满足你的好奇心，我不妨告诉你，DARPA 指的是国防部高级研究计划局，一个美国军方的研究部门。在这个例子中，的确有人对岩石的发光原理做出了解释，但这是秘密，你没有权限了解它。现在，知识装在别人的头脑里，但这一次你鞭长莫及，因此它就不算在你的知识共同体之内。你看，这种情况下人们对其理解程度的评分就非常低。事实上，他人的理解力并没有改善人们对自身的理解。

在一个知识共同体当中，比拥有知识更重要的是拥有获取知识的权限。研究岩石的科学家不可能将地质学及相关学科的一切都储存在记忆中，但科学家可以把工具书放在手边或收藏相关网站，其他专业人士也会根据需求提供必要的信息。医学是个更为人熟知的例子：医学研究的爆炸性增长使一般的全科医生[①]无法掌握与患者表现出的各种病痛和担忧有关的一切。好在他们可以使用电子数据库，随时根据需求查看。

---

① 一般全科医师（primary care physician），亦称家庭医师，指社区健康照护级别的全科（多内科）医师。——译者注

为共同体而生

在列夫·维果茨基和迈克尔·托马塞洛的研究中，我们已看到知识共同体的一项要件：个体间必须能共享意向性。人们要能同他人分享注意力和目标，也必须能形成共同立场。

另一个要件是我们的信息储存方式。集体性的知识散布于人群中，没有哪个人能拥有这一切。因此，作为个体的我认识到，必须与其他人所拥有的知识产生联系。我的知识不能只有事实本身，而必须是充满指向性和符号化[15]的。就拿狮身人面像来说，我知道它在埃及，但我并不确切地知道狮身人面像是什么。也就是说，我通过思考和推论相信，在埃及有某个东西被人们称作狮身人面像。但我从未见过它，因此我对狮身人面像的概念完全来自他人所知。我很想有朝一日亲眼去看看，因为别人说它棒极了。我知道狮身人面像是开放参观的，因为我确实有朋友曾去看过，或者说至少我知道有人去参观过。当我跟同样说英语的人提到“the Sphinx”（狮身人面像）这个词时，我认定我们所讨论的是同一个东西，虽然他们对狮身人面像了解得也不一定比我多。所以，我的知识库里的“狮身人面像”不过就是个占位符而已，等着别人的信息填进去。有关“埃及”的知识对我而亦言是如此。它也有一个占位符，标注着“这是狮身人面像的所在地”。我的知识库里的“埃及”也充满了这类标注，提示我相关细节可以在其他地方找到。

人类的不可思议之处在于，至少当我们保持一致时，我们表征的是同一片小小的世界，即使各自持有不同的信息碎片。这反映了集体性知识的第二个特性：共同体中持有不同知识片段的成员之间必须能包容共存。[16] 我们不太可能总是一拍即合，且大多数情况下往往莫衷一是，但我们至少要考虑到相关情势，分歧或将导致认知劳动分工彻底崩溃。如果我们正在建造一所房子，木匠和水管工最好能就浴室的位置和形状达成共识，明确谁负责哪个部分以及各项设备的尺寸大小。即使木匠对管道系统一无所知，浴室仍必须设置供水管道系统和排水管道系统。同样，我们有关事物的知识须结构化，以便我们期望借由他人补全的部分能填对地方。

知识共同体的代价与好处

在《圣女贞德》（*Saint Joan*）的开场，15 世纪初，一名女青年对圣徒和天使长的幻想激发了士兵们的战斗热情，乔治·萧伯纳（George Bernard Shaw）给出了一个说服力惊人的说法，士兵们跟从贞德的神秘幻想，至少与今日战场上跟从一名麾下装配高科技武器的将军一样合情合理。他的论点在于，20 世纪的战士所怀抱之信仰与 15 世纪的并无不同。

> 中世纪的人们相信地球是平的，这种感觉至少有据可循。而我们相信地球是圆的，并非由于我们当中有相当比例的人能对这个奇妙的概念给出物理上的解释，而是因为现代科学让我们相信，“地球是圆的”是个显而易见的事实，而且一切神奇、异常、非凡、壮阔、渺小、无情或荒诞之事都可能是科学的。[17]

这当然有些夸张了。但这段话一针见血地指出，生活于现代世界中的我们在极大程度上仰赖他人所告知之事度日，仅有很少一部分的理解直接通过感官经验进行。从叫我们起床的闹钟到我们闭着眼睛都能使用的马桶，到我们打开的智能手机（在蹲马桶前后），到厨房门口的咖啡机，再到我们用来给咖啡机加水的龙头，没有哪一样是尽在我们掌控之中的。但我们仍使用着上述工具，甚至离不开它们，因为它们用起来得心应手（除非它们出故障了，那么我们的生活也会有些小小的波澜）。我们应该对它们的创造者致谢，因为我们的生活仰仗着他们的专业技术。多年来成功使用这些设备的经验，让我们对驾驭现代科技也信心满满。但当这些设备罢工时，比如有线电视没有信号或下水道堵着污泥时，我们恍然警觉自己对现代生活的便利知之甚少。

知识的错觉之所以会发生是因为我们活在一个知识共同体当中，而且我们无法区分哪些知识是内化了的，哪些根本不在我们脑袋里。我们自以为那些有关事物运行规则的知识是印在自己脑袋里的，而事实上我们从周遭环境及他人身上获取了很多。这既是认知的特征也是认知的死结。我们知识库的绝大部分都存储于这世界和我们的社群里。多数人的理解力仅限于意识到知识就在那里。高级的理解力通常还包括知道可以去哪里获取知识。只有名副其实的饱学之士才真的把可用的学识存在他们自己的记忆体里。

知识的错觉与经济学家所说的知识的诅咒[18]正好相反。当我们熟知某样东西时，很难想象竟有人不知道。当我们打出一首曲子的拍子时，有时会讶异于竟然有人听不出来。[19]这似乎是显而易见的，毕竟，我们能够听到曲调在脑中回荡。如果我们知道某个常识性问题的答案［谁是《音乐之声》（*The Sound of Music*）的主演？］，我们便倾向于假设其他人也知道这个答案。知识的诅咒时常以马后炮的形式出现。[20] 假设我们支持的球队赢了一场大赛或我方候选人在选举中获胜，这时我们会感觉自己一直都知道结局会是如此，而且认定其他人也抱有同样的预期。知识的诅咒即我们倾向于认为吾之所想即人之所想。在知识的错觉中，我们倾向于认为人之所思即吾之所思。这两种情况的共性是，我们都分不清谁到底知道些什么。

这是因为我们生活在蜂巢思维中，严重依赖他人和环境来储存我们的知识，真正记在自己脑袋里的绝大部分知识都相当粗浅。大多数情况下，我们对这种肤浅和粗鄙都心照不宣，因为其他人也不指望我们知道得更多，毕竟，他们的知识也渊博不到哪里去。由于认知劳动分化的存在将掌握不同领域知识的责任分摊到整个社群中，我们尚能勉强度日。

认知劳动分化乃认知演化的基本方向，也是当今社会运行之基本原则。正是在整个社群中共享知识的能力，让我们登上月球、生产汽车、修建高速公路、调制奶昔、拍摄电影、在电视机前打发时间，做一切社会生活给我们提供便利之事。认知劳动分化使得社会生活之安全惬意与野外独行之间产生了云泥之别。

但是，依靠别人帮我们保存知识也有不利的一面。大多数读者应该都很熟悉爱丽丝（因梦游仙境而出名），但今天，鲜有人真的读过刘易斯·卡罗尔（Lewis Carroll）那本孕育了爱丽丝的小说。[21] 许多人都是通过电影、卡通片以及其他电视节目间接地了解爱丽丝，而非通过阅读卡罗尔的杰出作品时那种独特而离奇的体验。如果我们不懂微积分，我们无法想象时间被压缩为一瞬而消逝的美感，以及这又是怎么与曲线的切线方程扯上的关系。我们无法领略牛顿所见之事，政府将他葬于西敏寺以示其举足轻重。这就是活在知识共同体中的代价之一：我们与那些只能通过他人的知识和体验而了解之事失之交臂。

还有更危险的后果。由于我们混淆了内化的知识和可获取的外在知识，我们远远没有意识到自己的所知何其浅薄。在生活中，我们笃信自己了解得比事实上要多。正如我们将在本书余下章节中探讨的那样，许多社会中最迫在眉睫的难题皆出于这种错觉。

第七章

与技术共事

不论我们喜欢与否，互联网已成为我们所有人生活中的主角。它是我们的主要信息来源，是我们知识共同体的核心。它提供了源源不断的事实，而且我们不必应付任何恼人的人际互动就能得到这些。这会带来许多巨大的改变。当我们对任何常识问题都能在几秒钟内对答如流，当通过线上购物能避免和年轻人一起挤在商场里，当利用应用软件能避免交通堵塞，还能窝在家里舒舒服服地看电影时，我们的生活变得容易多了。

技术正在变革我们的生活，而且它来得如此迅猛。大量的工作可能很快就会被外包给程序算法，计算机能够驾驶长途运输卡车，机器人也能做出美味绝伦的汉堡。商业已经移步互联网，从根本上改变了经济，颠覆了诸多产业，例如出版、音乐和电影。许多我们以前在办公室做的事情现在都可以在家中完成。因此，我们在工作中与同事的互动变少了。我们的通勤往返也少了一些。[1] 而且我们能够立即获取无数的书籍、图像、电影，以及看起来有无限选择的音乐和信息资源。

与这些变化相伴而来的隐忧，是我们正在与真正重要的东西失去联系。新的生活方式可能会为我们带来高清电视和如置身现场般的音响系统，但也减少了人与人的直接接触。许多人不再出门去看现场音乐表演，进电影院的观影人数也降到了 1995 年以来的最低。[2] 而且，虽然较少的通勤往返并不意味着工作压力的降低，但如果根本没人去上班，在工作场所建立人际关系终归是更困难了。

关于人际关系的一则老笑话如今也适用于智能手机：我们没法和它们一起过日子，但我们没法过没有它们的日子。就在我们第一万次把手伸进口袋，用手机查看电子邮件和脸谱网上的留言的同时，我们内在的一部分也幻想着从信息洪流中逃离（哪怕几天也好）。

技术革命在某些方面改善了我们的生活，但它也唤起了担忧、绝望，甚至还有恐惧。技术革命所引发的各方面影响正接踵而至，其中有些或许还容不得我们讨价还价。

一些最伟大的企业家和科学家甚至看得更远。埃隆·马斯克（Elon Musk）、史蒂芬·霍金（Stephen Hawking）和比尔·盖茨（Bill Gates）都曾发出警告：技术可能会变得非常复杂，以至能够追寻它们自己的目标而不再唯人类命令是从。弗诺·文奇（Vernor Vinge）于 1993 年发表的题为“技术奇点即将来临”（*The Coming Technological Singularity*）的论文阐述了担忧的原因。[3] 无独有偶，雷·库兹韦尔（Ray Kurzweil）在 2005 年的著作《奇点临近：2045 年，当计算机智能超越人类》（*The Singularity Is Near: When Humans Transcend Biology*）[4] 中也提到了这一点，最近发表类似观点的还有任职于牛津大学的瑞典哲学家尼克·博斯特罗姆（Nick Bostrom）。[5]

用博斯特罗姆的话说，技术的进步如此神速，以至我们对如大兵压境般的超级人工智能望而生畏。

超级人工智能指的是一台或多台智力远超人类的机器。令人担忧的是，现今成功的人工智能将能够自给自足。人工智能机器人能用比人类更短的时间设计出更聪明的智能体。一旦它们真的这样做了，我们将有更聪明能干，能制造出更高级智能体的机器，这些智能体反过来又造出升级版……你已经看得到结局了。这些未来主义者预测，人工智能将迎来爆炸性发展，类似于自工业革命以来我们见证过的生产力的突飞猛进。机器的智能将以前所未有的速度持续增长，在不久的将来，我们就会拥有一台在思考力和执行力方面都把人类远远甩在身后的超级智能体。按照末日论者的说法，一旦超级智能问世，人类便永无翻身之日了。超级智能体将比人类更善于实现目标，倘若它们与人类水火不容、分道扬镳，人类就要倒大霉了。

思想的延伸

人类的演化与新技术的涌现相伴发生。据位于纽约的美国自然历史博物馆的荣誉馆长伊恩·塔特索尔（Ian Tattersall）所言，“认知与技术的相得益彰”[6]正是文明发展的写照。基因演变与技术变革共同串联起我们的演化史。随着人科物种后代脑容量的增加，工具变得更复杂但也更常见。我们的前辈从使用边缘锋利的石块起家，之后的几代人发现了火、打造了石斧和刀，接着是鱼叉和长矛，然后有网、钩子、陷阱、套索、弓箭，最终发展到农耕。以上各项技术变革都伴随着其他促进现代人类形成的变迁：文化、行为和遗传基因的改变。每向前迈出一步，工具、文化、认知和基因都一齐变化，创造出新的平衡，赋予我们的祖先更强大的力量，以便把环境改造成他们想要的样子。如灌溉水渠之类的新技术使文明成为可能。文明反过来又催生了多种多样的古老器具，并最终铸成了 20 世纪中叶以来当代信息技术的爆炸性增长。无论是福是祸，社会发展与技术进步总是相伴相生、互相促成的。

人类是为技术变革而生的。我们的躯体和大脑生来就有将新工具融入日常活动的本领，仿佛它们就是我们肢体的延伸一样。[7] 我们很快就能学会用鼠标或触控板移动屏幕上的光标，宛如我们的手指直接在屏幕上晃来晃去。当你用钢笔或铅笔书写时（如果你还在坚持手写的话），纸张表面的触感并非摸起来那么光滑：因为笔尖会产生压力。这也是为什么外科医生可以用机器人来做显微手术。相似地，我们在扫地时很快就能适应扫帚的长度。我们几乎能毫不迟疑地够到沙发后面的角落，好似扫帚是直接长在胳膊上的加长臂一样。寿司师傅的功力十年磨一剑。专业厨师的衡量指标之一即操刀宛如本人之手，浑然天成、游刃有余。

在上述各例中，大脑都把我们使用的工具看作身体的一部分。故此，技术没什么非自然之处。相反，运用技术恰恰是造就人类的要件之一。

技术不再只是受使用者操控的工具了，这是过去几年中发生的变化，也能解释某些人觉察到的不对劲之处。如今，技术已在诸多方面超越了人类。事实上，技术正越发先进，好似一个有血有肉的生命体。我们从小就相信，在指令不变的情况下，计算机会一直重复同样的操作，因为它毕竟只是一台机器。但是，这不再是真的了。现在，就像和一个活生生的人打交道那样，我们并不总能预判计算机会做何反应。在明明相同的情境中下达一样的指令，可能引发计算机完全不同的作为。

有几种原因使机器变得难以预测。其一是复杂性。现在的系统太复杂了以至我们常常不确定它们处于什么状态。你以为你已经把手机关掉了，但其实显示屏才刚刚变暗，因此当你把它放进口袋时，如果一小块布料碰触到屏幕，它可能会冷不丁地打给你的前女友。

第二个原因在于外部事件也会毫无预期地对机器造成影响。像所有生物体一样，互联网正以我们无法预见或控制的方式不断变化着。近些年来，机器已能够自动更新其运行系统与各项应用程序。因此，当你打开自己的设备时，你已无法确定它仍是你昨天刚刚用过的那一台。你每天花一半时间处理的文档程序和电子邮件，可能就像你 16 岁的儿子，在见了个自诩是发型师的朋友之后，改头换面到你根本认不出来。我们的机器可能也很难预测，因为它们的运行取决于网络传输量，而且我们通常并不清楚这个传输量有多大。时不时地，负荷过大的网络传输量干脆就让我们的互联网停止运转了。就像一个乖巧的小孩一夜之间步入叛逆的青春期，最受你我青睐的机器正在变得越来越状况百出。我们永远猜不到它们接下来要干什么。

互联网变得人类化的方法之一就是它能够试着欺骗我们，甚至还挺成功的。我们以为点击某个网页链接就能看到一部离奇的影片，而事实上，它则警告我们最好买个杀毒软件清理一下硬盘，否则后果自负。还有的时候，我们访问某个网站，失手下载了恶意软件。这些恶果皆出于卑劣之人，技术本身是无辜的，但正是技术的复杂性让此等恶行成为可能。

往好处看，技术越来越像一个有血有肉的生命体，在某些层面上能够自我修复。它自带疗愈属性。当你割了个小口子，你会贴上一片创可贴，等着伤口愈合。现在，软件漏洞有时也会自行消失。自动更新确实有所助益，或者直接更换成下一代全新的硬件或软件系统，你所面临的困扰也就不复存在了。这就是无知之美。我们并不知道这究竟是怎么回事儿，如果运气好，好事就会发生。我们在无知无为中依靠整体寻求改善。

这些改变造成的后果之一是，我们开始越来越像对待人类一样看待技术，把它们视为全程参与知识共同体的一员。互联网是个极好的例子。正如我们把要理解的东西放在别人脑子里一样，我们也把它们存在互联网上。我们已看到，当别人脑中的知识能够为己所用时，这会导致我们高估自己的理解力。因为我们生活在一个分享知识的共同体当中，每个个体都无法分辨出知识到底储存在自己还是别人的脑袋里。这引发了深度错觉：当我对个人理解力进行自评时，他人的想法也被纳入其中，因而，我对自己的理解力的自我评价比实际上更好。

两个独立的研究小组发现，人类在使用互联网进行搜索时都存在相同的“边界模糊”。[8]得克萨斯大学的心理学者阿德里安·沃德（Adrian Ward）发现当进行互联网搜索时，人们在认知方面的自尊心，即他们对自己记忆和处理信息的能力的感觉也随之改善。此外，如果人们在互联网上搜索了他们不了解的事情，之后他们被问及是在哪里找到这些信息的，他们多半都不记得了并回答说自己一直都知道这些信息。其中许多人完全忘记他们曾在互联网上进行过搜索。他们将功劳归于自己而不是谷歌。

在另一组由马特·费雪（Matt Fisher），即与弗兰克·凯尔（解释性深度错觉的最早发现者之一）一起工作的耶鲁大学博士生主持的研究中，受试者被要求回答一系列涉及日常因果知识的问题，例如“拉链是如何工作的”。他们将受试者分成两组。一组被要求上网搜索来证实他们对拉链工作原理提供的解释中的细节。另一组则被要求在不借助任何外部资源的条件下回答问题。接下来，受试者被要求自评对某领域问题的回答能力，该领域同他们先前所回答的问题无关。例如，他们可能会被要求回答“为什么大西洋飓风多发于 8 月和 9 月”这样的问题用以自评。这一问题与拉链工作原理毫无干系。实验发现，那些曾上网搜索过的受试者对自己回答不相关问题能力的评分高于另一组。在互联网上搜索、找寻某一组问题答案的行为，让受试者感觉他们知道了所有问题的答案，包括那些他们并未搜索过的答案。

模糊你和互联网知识的边界，这有点反常但不无道理。互联网已成为一种不可或缺的综合工具。假如我们设计了一个以所执行任务为单位的人机系统，其作为一个单一实体，达成任务的职责既不在人类也不在机器，而是人机组合。如果我为了策划某次旅行已经参考了多个网站，其中一些用于获取资讯，另一些用于推荐行程，其他的用于预订，那么谁将是最终计划的制订者？大家都有所贡献。如果我没去目的地，什么都是一纸空谈。但我参考的每个网站多少都有所助益。因此我们都分担一部分职责。

倘若你近期曾使用互联网做过些什么，由于任务的执行已离不开互联网的参与，你会发现很难评估个人自身的能力表现。一切证据都指向，你和计算机是一个团队，且这个团队生来就比个人更出色。因此证据表明，你比那些无法利用互联网的人表现得更好。由于思维的延伸远超头骨之外，且包含了所有可用于追寻目标的工具，它几乎不可能准确地衡量你个人贡献了多少。就像我们所在的队伍赢得了比赛，此时，无论我们的角色是举重若轻还是微不足道，我们都是赢家。

这还是有些隐忧的。互联网上的知识如此浩瀚又唾手可得，我们或许正在塑造一个只要拿着一台智能手机并能连接无线网络，人人都能在多个领域自诩为专家的社会。在一项与阿德里安·沃德合作的研究中，我们调查了红迪网上的医务人员与那些在就诊前自行到网络医生[9]之类的网站上咨询的病人的接触经验。医务人员告诉我们，事实上，这些病人并不明显比那些没参考过互联网信息的病人知道得更多。然而，他们往往对自己的医学知识相当自信。这可能会让他们不屑于专业的医学诊断或寻求其他替代性治疗方案。在另一项研究中，我们请受试者就几个简单的金融问题上网搜寻答案，诸如“什么是股票”。接下来，请他们玩一种不相关的投资游戏（先前查询获得的信息并不会使他们在游戏中表现得更好）。他们也有机会对自己的表现下注。之前做过互联网搜索的人比没做过的更有自信。但他们并没有在游戏中表现得更好，最终也没赚多少钱。

问题在于，花几分钟（哪怕几个小时）研读网络医生的资料，并不能代替数年学习所训练出的足以做出可靠医学诊断的专业知识。在金融网站上学习几分钟也无法让人掌握投资的奥妙。但是，当整个世界的知识就在指尖时，我们仿佛真的认为自己博学多闻。

无法共享意向性的技术

撰写此书的当下，日常生活中最先进的人工智能莫过于GPS（全球定位系统）地图软件了。GPS设备在20世纪90年代和21世纪初变得越来越普遍。2007年，智能手机一经问世即内置了GPS，它们可谓无处不在。当你开着车，这些强大的小小系统规划出最佳路线，并视觉化地呈现出来，依据当前交通状况，或你是否错过了转弯的路口来更新它们的提示，它们甚至会跟你说话。它们的能力超乎寻常，以至彻底改变了我们大多数人的导航模式。它们甚至改变了，主要是改善了许多关系：夫妇们不再需要为了是否应该停车问路而拌嘴。

但请注意哪些事是这等惊人的机器们不会做的：它们不会因为你正在不情不愿地开车去父母家就决定选择一条远路。它们不会为了观赏今晚分外美丽的日落而选择沿湖的路线。它们不会因为今天交通状况太糟糕而建议你最好待在家里别出去。想要它们做这些也可以，但必须预先将其编入程序中。它们没有读心术来弄清楚你的意图即你的目标和期望、你打算怎么达成目标、满足期望。然后，这些将变成技术自己的意图，以想出那些新颖的点子。它们无法与你共享意向来追寻共同的目标。

我们无法与技术达成共识，从某种意义上讲，这是因为机器和使用者之间除了最基本的判断以外，并没有在所知和所做方面达成任何共识。机器会问你的目标是A、B还是C，并根据答案给予恰当的回应。但你不能临时想到一个新主意就让它跟着你的意向走。你跟机器之间可以建立一种默契，机器将尽己所能帮助你追寻目标。但你需要确保你已经告诉它你的目标是什么。机器不是合作者，它只是一个工具。从这个角度来说，身为工具的人工智能更像一台微波炉而不是实实在在的人。技术可能借由提供信息和有用的设备在知识共同体中占有一席之地，但它不同于共同体中的人类成员的角色。我们的机器就像绵羊一样，我们并不与之共事，我们只是利用它们。

共享意向的能力在一个智能体当中至关重要。语言以及概念化等核心功能都仰赖于此，因为正如我们所见，两者都是合作性活动。我们怀疑很难通过编程让一台计算机与你共享意向，因为这样做要求计算机能够与他者相辅而行，它得了解你知道些什么以及别人知道些什么，这需要一种能够反思自己与他人认知过程的能力。这种能力尚无法通过编程写入计算机。倘若真能实现，我们将会揭开人类意识的神秘面纱。然而，我们至今还对此毫无头绪。

我们正处于技术史上的尴尬时刻。几乎我们所做的一切都可以由人工智能来实现。机器已足够聪明，让我们放心地依赖它们，将它们摆在知识共同体的中心位置。然而，没有哪台机器具备那种对人类活动至关重要的神奇能力：它们无法共享意向性。这影响着人类与机器共事的方式。

当代人机系统的一个重要功能在于挽救生命，它们做得相当不错，特别是在它们还没把我们干掉的时候。现在哪里还有单凭人工操控的飞机、火车和工业设备。它们的运作早就离不开复杂技术的加持，连司机对汽车的控制都变少了。今天，每辆汽车大约装有 50 个微型处理器。[10] 有些用于确保你行车舒适并与卫星相连，提供实时的娱乐服务。还有许多处理器在帮你操控汽车：动力转向系统会利用计算机调整你在不同行驶速度下所需的动力，防抱死制动器也使用计算机来防止轮胎打滑。而自动化革命才刚刚开始而已：全自动驾驶汽车已不再仅仅是科幻小说里的桥段。2015 年年底，特斯拉汽车公司的首席执行官埃隆·马斯克表示，全自动技术大约将在两年内趋于成熟，尽管在无人驾驶汽车布满街道之前，政府监管部门可能还需要更长的时间来拟定相关法规。[11]

对更大型的交通工具而言，技术早已改变了游戏规则。没有自动飞行控制系统的辅助，现代客机根本飞不起来。最先进的军用喷气式飞机使用的是电传操纵系统：由于变数太多，它们需要一套在多数情况下比人工操作员感知和反应更快的自动化系统来控制飞行。我们对智能技术的依赖引向一条悖论。随着技术的更新，智能技术变得越发可靠和高效。也正因为它的可靠和高效，人工操作员也开始对其越发依赖。最终，人类无法集中注意力，变得心烦意乱，干脆让机器自行运转。可能发展到的最极端的情况是，驾驶大型客机或将变成一种消极被动的职业，就像在看电视一样。只要不发生意外，这样也挺好。但人类的价值也正体现在意外发生的时刻；处理突发情况的灵活性乃人类所独具的特质。机器不会为了追求一个共同的目标而彼此合作，它们仅仅是工具罢了。因此，一旦人工操作员监管不力，机器系统很可能引发严重事故。

自动化悖论指的是极其有效的自动安全系统导致了人们对其的依赖，而这种依赖削弱了人工操作员的作用，从而导向更大的险情。已相当复杂精密的现代技术正在这条路上越走越远。自动安全系统正在改进之中。随着它们变得愈加复杂，并且额外追加了提示和备用系统，它们也被开发出越来越多的任务。一旦自动安全系统失效，将会铸成更大的灾难。讽刺的是，飞机、火车和工业设备上的自动化系统会让其整体都岌岌可危。[12] 因为技术并不了解系统所要实现之目标，它无法与人类共享意向性，总会出差错的威胁从未消失。当技术失效而人类毫无防备之时，灾难会随之降临。

这里有个典型的例子：当飞行器的空速不足以产生足够的升力让飞机保持在飞行状态时，飞机会发生失速。一旦失速，飞机基本上就是从空中坠落的。一种让飞机从失速中复原的办法是，压低机鼻，增大引擎功率，直到飞机的空速能产生足量的升力用以保持机身高度。改出失速状态乃是航校里的预备飞行员们应该掌握的最基本技能之一。这就是为什么 2009 年因坠海事故导致 228 人丧生的法航 447 的黑匣子找到后，空难调查人员如此震惊。空客 A330 发生失速并从空中坠落。副驾驶员莫名其妙地曾试图将机鼻上拉而不是下压。这怎么可能？美国联邦航空管理局于2013年出具的报告认为，飞行员已过度依赖自动飞行控制系统，缺乏基本的手动操作技能，这使他们无法应对异常情况。在这个案例中，机组人员可能根本没有意识到这架飞机有可能发生失速，也未能正确地理解设备发出的警示信号。这是一则自动化悖论的绝佳案例：飞机的自动化技术如此强大，以致当它出错时，一组飞行员居然手足无措。[13]

拜GPS设备的泛滥所赐，你或许也体会过自动化悖论。有些人完全听命于GPS发出的指令，让往哪里走就往哪里走，却很容易忽略GPS设备并不真的了解你想要干什么。由于人们一味地遵从GPS的指示，把车开进水里以及开下悬崖的故事数不胜数。[14]

1995年，“御皇”号游轮航行在马萨诸塞海岸的南塔克特岛附近。[15]原本连接船载GPS和船上天线的电缆被风吹断了。不幸的是，船员并没有意识到发生了什么。GPS发出了一条报错信息，但屏幕上微小的信号声并不足以引起船员们的注意。在失去卫星数据的情况下，GPS系统很快就进入设计之初被赋予的功能：切换到航位推算法（DR，通过估算速度、时间和方向，用前一处位置推算当前的位置）。报错信号也停止了。船员们也没注意到屏幕上两个表征这一切换（“DR”）以及无信号输入（“SOL”，“解决方案”的英语单词缩写，其实是对“不再计算精确位置解决方案”相当混乱的缩写）的小小缩略词。航位推算法只是一种有凭据的猜测，它无法对气流和潮汐做校正。因此，该船的自动驾驶系统正由一套合理但越来越不准确的推算系统操控着。船员确实监看了雷达地图，但它显示的路线信息也来自 GPS 的大致估测，不再反映船只的实际坐标。船员也没有将 GPS 与另一种有效的信息资源，即定位海岸无线电信号的导航系统，进行比对。一个不幸的巧合最终决定了这艘船的命运：一个警示南塔克特危险水域的航标在 GPS 系统中被当成波士顿海湾航道的标记。雷达监测到了这个航标，但船员认为一切都正按计划进行。他们没有注意到任何异样，直到发现海水颜色的改变表示他们已进入浅水水域。但那时已经太迟了。这艘 32 000 吨的游轮搁浅于距南塔克特岛 10 英里处。

幸运的是，这则故事有个皆大欢喜的结局。“御皇”号在搁浅 24 小时后被 5 艘拖船救出。多亏了双层船底，它仍可航行并将乘客们送抵波士顿。不过，确实也花了 200 万美元才让“御皇”号得以重返大海。

我们能从这个险些酿成惨剧的事件中吸取什么教训？机器只是做了它们应做之事。所有的备用系统都一如既往地运行着。机器确实没有告知操作员当时究竟有哪些细节发生了变化。但是这对机器的要求也太高了。机器得能理解人类需要知道哪些信息，才能做到这一点，这就需要让机器理解人类试图做什么。正如我们已经看到的，这可不是机器能做到的事。机器是工具，而非追寻共同目标的真正伙伴。

这一事件的唯一失误在于，船上的负责人过于相信他们的 GPS 设备了，但他们这样做也情有可原，这些机器过去一直准确无误。这些海员们被他们理解上的错觉误导，他们自以为明白了设备向他们告知了什么，却没意识到显示器上那两个不起眼的符号所代表的重大意义（小小的“DR”和“SOL”），因为他们并不真的清楚 GPS 设备是怎么工作的。他们不知道那些符号说明 GPS 正在凭猜测进行推算，可能会得出驴唇不对马嘴的结论。他们没有仔细检查，因为他们并没有意识到自己的无知。多年来的成功航行让他们信心满满，掩盖了其理解上的错觉。

与自我意识如影随形的能力之一是反思能力。人们能够随时观察并评估自己的行为，能够后退一步审视自己所为以及环境现况。他们甚至可以审视一部分自己的思维过程（有意识的、经过深思熟虑的部分）。如果他们对所见不满意，可以施加一些影响来改变它。这种影响当然是有限的。如果你滑倒在一片冰面上，没有冰镐在手，那么你停下来的可能性微乎其微。同样，如果你被一些恐惧或欲望所迷惑，你可能也无法控制它们。但至少我们有能力在清醒和有意识的时候，去了解发生了什么。在我们能控制的事情上（比如，我们不会不管不顾地把眼前的一大块巧克力蛋糕塞进嘴里），我们能够调整自己的行为。相比之下，机器永远都得遵从它们的计划行事。机器程序可能会很复杂，也会存在一些能让它们适应不断改变的环境的程序。但是，如果程序的设计者始终从未考虑过机器不知做何响应这一情况，那么，当现实中这种情况真的来临时，机器就要做错事了。因此，人类的关键作用在于监督，待在那儿避免大祸临头就好。我们目前面临的最大危机在于，没人拿得到能掌握和控制现代复杂技术的全部知识。而且，技术正以前所未有的速度发展得愈加复杂。这确实需要我们的关注。

真正的超级智能

由于计算机不具备共享意向性的能力，而且尚无迹象表明它们正朝着这个方向发展，我们并不太担心恶魔般的超级智能会为实现自己的目标而将人类踩在脚下。事实上，我们尚未看到任何一种超级智能的问世。机器连人类最基本的分享注意力和目标的能力都不具备，它们永远无法读懂我们的思维，也不会比我们更聪明，因为它们无法理解人类。

但有一种观点认为，技术正在使超级智能变为可能。网络为我们提供了一些具备智能的新工具，例如 GPS 设备和能跟我们对话的操作系统。而网络应用最有效的一种形式是把人类自己变成工具。众包应用创造了比过去任何时候聚集大量人的知识与技能更包罗万象也更具动态性的知识共同体。众包是网站和应用程序重要的信息提供者，它对来自不同经验、地域和知识库的信息进行整合。Yelp（美国消费点评网站）以及亚马逊将服务和产品的评论实行众包。位智把地图上的交通路况众包给行驶在道路上的司机。此外，还有如红迪网之类的网站，允许用户提问并鼓励任何人提供答案。

若做得好，众包是利用共同体中专业知识的最佳方式。它可以让尽可能多的人参与追寻同一个目标。这意味着专家们更有可能贡献出他们的知识。最终，这将成为达成目标的最佳方案：专长专用。Yelp 汇集了用餐食客对餐厅的评价，而红迪网则试图发现谁是该领域回答他人提问的行家。所以，当那些具备最多专业知识的人有足够动机参与到共同体中时，众包运行得最好。

众包造就了智能机器，但并非通过人工智能的魔力。它们的智能并非来自对最佳推理方式的深刻理解或巨大的计算能力，而是源于对共同体的利用。位智通过整合成千上万名用户关于交通路况及其位置信息的反馈，指导你穿梭于车流之中。此处所精进的并不是传统意义上的智力，而是众人集结的力量。

企业利用众包所面临的一大问题是如何激励专业人士贡献他们的才智。金钱只是激励因素之一。被认可的感觉常常比金钱激励更为有效。[16]维基百科的爆炸性增长就是明证。它不付给词条提供者一分一厘。《牛津英语字典》（*Oxford English Dictionary*）的编纂者于1857年首次开始收集为单词定义的引句时亦是如此，他们呼吁志愿者们阅览不计其数的英文文本，时至今日仍不支付任何报酬。[17]大多数专家都喜欢借机展现自己的专长，尤其是当他们的贡献受到肯定的时候。助知识共同体一臂之力乃你我的合作天性使然。

人人都在这世界上拥有一片属于自己的小窗口，能获取一小部分知识。众包能做到让人同时浏览几十、几百，有时是几千个窗口。但众包唯有在提供专业知识的前提下才能有效运作。丧失了专业性，它可能是无用甚至有害的。帕罗科尔霍–35是芬兰的一个足球俱乐部。[18]几年前，该俱乐部邀请粉丝们参与有关招募队员、训练，甚至比赛战术方面的决策。粉丝们用手机进行投票。其结果惨不忍睹。球队表现糟糕，教练被解雇了，这场实验也戛然而止。要使众包机制有效，仅仅有一个庞大的共同体是不够的，共同体还要有必要的专业知识。

有时专业只是表面现象。大多数在亚马逊网站上进行打分评价的用户并非它们自称得那么专业。[19] 他们的打分与真正专业人士给出的评价并不吻合，且容易在其偏爱的品牌和高价位商品上给分过高。许多消费者不具备评判科技类产品，如数码相机和厨房电器优劣的专业知识。

但众包可能是有效的。这一观点由弗朗西斯·高尔顿（Francis Galton）在 1907 年发表的一篇题为《群体智慧》（*The Wisdom of Crowds*）的文章中首次提出。[20] 他报道了一场在英格兰普利茅斯农产品展会上的比赛：竞猜一头大公牛的重量。对所有人来说，只要愿意花一点小钱作为参赛费用，答案最接近公牛实际体重的竞猜者可以赢得奖金。竞猜者既有如屠夫和农夫之类的行家，也不乏一般大众。正如高尔顿所言，“一般的竞猜者或许也能对公牛的净重猜个大概，而作为一名普通选民，他的投票判断大多是基于政治方面的得失，选民间投票判断的差异性或许就像一般大众猜公牛体重一样”。高尔顿设法取得了写有估算重量的竞猜票，其中 787 张的字迹清晰可辨。他发现答案的平均值与公牛 1 198 磅的实际体重只相差不到 1%。[21] 在评估重量方面，群体确有些许智慧。高尔顿保守地指出，“我认为，这一结果说明民众的判断力比我们所预见的更为可靠”。在个人层面，我们可能饱受知识错觉之扰，但群体所表现出的专业性或许能克服个体的偏见。

众包在商界已被大肆吹捧。它通常被用来解释维基百科等网站的成功之道。一群经济学家鼓吹一种被称为预测市场的众包类型。[22] 在一个预测市场中，人们会对未来将发生之事下赌注。人们愿意在某项特别结果上所投下的赌注，被用于衡量该结果实现之概率。人们确有下注的动机，因为最佳预测者可赢得诸如金钱或名誉的奖赏。专家们尤其兴致盎然，因为他们比刚入门的新手更了解即将发生什么，故此，专家意见往往对市场有巨大的影响力。许多政府机构和私人企业已开始将预测市场运用于推测民主选举、国际事务及商业环境中。相比于传统的预测方法，这种方法往往更胜一筹。

相较而言，众包其实是一种利用知识共同体的原始形式。网页开发人员不过是开发出一些能够让社群以动态形式解决特定问题的应用程序而已。这些应用程序通过短暂地汇集来自世界各地的专家共同商讨，把协作变得简单易行。在这些应用占据主流之前有些问题必须得到解决：专家们必须被引导参与；对任何特定问题而言，必须设计出能筛选正确专家团队的方法；有效分化认知劳动；合理拟定每个项目的风险与回报分配方案。这些应用程序的成功与否，取决于以上问题在多大程度上得到解决。

支持这类分散式协作活动的平台将以诸如以太坊、传送门和克隆地[①]之类的新潮名字出现。以太坊的灵感源于比特币的成功，比特币是一种分散的，非由任何单一实体管理的网络货币。有关何人拥有多少比特币的信息存储在一个叫作区块链的公共交易账户中。区块链是一项用于维护网络中所有比特币用户更新和储存交易记录的复杂技术。把交易账户分散到整个网络中是一种防止失误和作弊的好方法。以太坊使用区块链的方法，通过分散式协议让每个人参与到项目中，形成合作。其假设是，信息散布在群体中时更加安

① 以太坊是一个开源的公共区块链平台；传送门是一个专用于开源硬件开发的网络；克隆地是一种开源插件框架格式。——译者注

全，以防任何个人拥有太多权限。获取信息意味着控制，而这些合作平台的目的是促进公平：让每个人都尽己所能，对每个人也都论功行赏。这一目标使得共同体对任何类型的项目都进行认知劳动分化。一旦这些平台流行起来，它们将创造一种全新的商业模式。如果不断变化的专家组合成为打造商业团队的准则，那么，我们将不得不重新定义公司的概念。这可能会导向一种全新的经济类型。

与系统一起工作

众包的力量和协作平台的成功，显示出真正的超级智能不是那些能够打败人类的未来机器。超级智能是在用知识共同体改变世界。技术的巨大进步不在于制造拥有非凡马力的机器；相反，它们会通过空前巨大的知识共同体使信息交流更顺畅，合作更容易。智能技术无法取代人类，却把人类连成网络。这个网络说明真正的超级智能就在人群中。

我们的人机系统共同体将不断演进。技术持续以惊人的速度变得更加复杂，它在我们共同体中的角色也将更加重要。但是，把技术当成一个不断增长的、终有一天会压倒人类的威胁就大错特错了。在可预见的未来，技术将缺少一项促使人类成功的秘诀：共享意向性的能力。因此，技术不会成为知识共同体中人类的平等伙伴，它仍然是一个从属工具。而正如我们所见，技术发展所起的关键作用是通过众包与协作让我们的共同体更加强大。人群的要素是人，因此这里所放大的是人类的作用。从茹毛饮血到有文字记载，演化中的重大转折都不乏人类与技术的互动。

但技术正变得越来越复杂，从这个角度来说，它也离使用者越来越远。如果我们大多数人连马桶的工作原理都不知道，想象一下我们对各种充斥于生活每个角落的进口电子产品和互联网网站的了解该是多么糟糕。对于未来的运作我们更是一无所知。讽刺的是，有效的技术总是格外容易上手，它总像老朋友似的让我们对其一见如故。所以，我们即使对这些日趋复杂的系统的了解越来越少，还是会自我感觉对其了解得不错。我们在理解上的错觉变得越来越强。如今，生活起居和商业运营都已离不开机器设备与互联网。随着技术变得越发复杂，我们也将对引擎盖里面的世界越发无知。我们也将更加依赖专业人士来确保一切运转如常。在大多数情况下，我们与其相安无事，直到问题发生。当技术失效，由于疏漏、战争或天灾等原因，因理解的错觉而导致的刚愎自用将反咬我们一口。我们会得不偿失。我们对专家的错误依赖将毕露无遗。

我们可能不再独霸一方。我们更像齿轮，与那些我们并未全然了解，因而也无法完全掌控的系统一起运作。这意味着我们必须更加谨慎，提醒自己，我们真的不知道这是怎么回事儿。好消息是，新技术有数不尽的好处：增强安全性、降低能耗又提高效率。不止如此，当我们对知识共同体的利用到了游刃有余的境界时，世界上将有越来越多的专业知识随时听任我们调遣。

第八章

科学的错觉

破坏行为通常是令人厌恶的。一个年轻人的破坏行为竟能使他成为平民英雄，这真是令人惊讶。18 世纪末，正逢工业革命刚刚萌芽之时，他是英格兰莱斯特针织工厂的一名学徒。主管责罚他工作不力，他勃然大怒并用锤子把机械针织机砸了个粉碎。（至少故事是这么讲的。）这个年轻人的名字叫内德 · 卢德（Ned Ludd），他将成为一群被称为卢德分子的抗议者的守护神。

当时，卢德分子因英格兰快节奏的技术革命而感到不安，机器技术被他们视为对其生计和价值观的威胁。他们最青睐的抗议工具是“伟大的伊诺克”，由一位名为伊诺克 · 泰勒（Enoch Taylor）的铁匠设计制作的一种巨型长柄锤[1]，他们用它来粉碎整个英格兰的工业化机器。他们还与警察发生冲突，且这种争斗常常是致命的。卢德分子声称他们由一个名叫卢德王，亦名卢德王子或卢德将军的神秘人物领导。事实上，此人并不存在。这不过是为内德 · 卢德在莱斯特的反抗行动发出的呐喊。

表达对政治和经济不满的抗议运动常常很快就不再受到公众的关注，内德 · 卢德捣毁机器的细节即使在今天也不是尽人皆知，但是在过去的几百年中，卢德分子已然成为一种文化标志。卢德被铭记的原因是，粉碎当时最先进的技术象征着人类思想的一次深刻转变。有些人总是用怀疑和忧虑的眼光看待科学与技术，尽管科学技术在20世纪取得了惊人的进步，时至今日，反科学的思潮仍不可小觑。其极端者自称“新卢德分子”，比如1996年第二次卢德大会的与会代表们。该会议围绕反对“计算机时代愈加怪异和可怕的技术”[2]展开。然而，你无须费力去找一大堆典型案例来说明我们的未来福祉将深受威胁。对科学技术的合理怀疑或有助于社会的健康发展，但反科学思想如果走得太远就有可能造成危险。

气候变化大概是当今最重大的议题，这是一场充满了反科学辞藻的论辩。参议员詹姆斯·英霍夫（James Inhofe）在2015年将一颗雪球带入参议院，用以表示对气候变化事实的反对。他多年来一度引领着反科学之声。[3]2003年，他直接将矛头对准了17位最具影响力的气候科学家，威胁要提起刑事诉讼，控告他们欺骗大众：“在所有的歇斯底里、恐惧、伪科学背后，人为因素导致全球变暖会不会是美国民众面对的最大骗局？听起来就是如此。”[4]英霍夫的主张令人质疑，但他所传递的信息仍持续引起反响。他先后4次代表俄克拉何马州入选参议院，在2014年的选举中，得票率高达68%。

基因工程当属我们这个时代最具变革性的技术之一，它也是首当其冲遭到激烈攻击的靶子。基因工程是现代科学最前沿的奇迹，它包括向某种生物的DNA（脱氧核糖核酸）中添加（偶尔也删减）基因来创造新品种。部分西红柿、大豆和玉米品种经由基因改造后具备更强的抗病能力，能结出更大的果实，或更加不易变质。

β–胡萝卜素是一种天然存在于胡萝卜和红薯当中的化学物质。（它赋予这些食物独特的颜色。）β–胡萝卜素进入人体后被分解，转换为一种对包括视力在内的多项人体功能有重要作用的维生素，即维生素 A。在许多发展中国家，儿童无法在日常饮食中摄取足量的 β–胡萝卜素，导致严重的健康问题。据估计，每年有 50 万名儿童因维生素 A 缺乏症而失明。21 世纪初，欧洲科学家开发了一种能自然产生 β–胡萝卜素的转基因水稻品种。由于 β–胡萝卜素使大米呈黄色，他们称之为“黄金大米”。大米是许多罹患维生素 A 缺乏症儿童的主食，因此黄金大米潜力非凡。然而，一些反对转基因作物的人士可不会这么想。例如，2013 年一群抗议者在即将收割之前横扫位于菲律宾的黄金大米种植田，庄稼毁于一旦。令人心酸的讽刺是，这些都是用于测试黄金大米安全性和有效性的科学试验田。这种破坏行为不仅糟蹋了粮食，还毁掉了可能有助于评估抗议者最关心的安全因素的科学实验数据。

另一个可能导致负面影响的问题是反对接种疫苗。21 世纪初，麻疹在美国基本得到根除，每年发病人数下降到 100 例以下。由于疫苗接种率的降低，2014 年麻疹发病人数又飙升至 600 余人。[5] 科罗拉多州的博尔德是一座人口素质高且生活富足的城市，本书其中一位作者的小孩就在那里上幼儿园，博尔德有 10% 的父母对数十年来明确的医学研究结论充耳不闻，拒绝为他们的孩子接种疫苗。[6] 科学也常常是疫苗反对人士利用的武器。他们诉诸（不可信的）科学研究和统计数据。但反疫苗言论往往弥漫着反科学情绪，表达出对医疗专业人士的不信任以及对科学研究的排斥。这里有个不错的例子。一个热门的反疫苗网站列出了“对疫苗说不的 6 个理由”，开宗明义地摆出了所有原因中最重要的那个，即医生是不可信的：“别相信你的儿科医生说注射疫苗是安全的。可能是医生错了。毕竟，他们也是人。实际上，你的医生不过是鹦鹉学舌地把美国医疗协会订立的标准复述给你听。如果你以为自己得到的是发自肺腑的良心建议，请三思。”[7]

公众理解科学

沃尔特·博德默尔（Walter Bodmer）是一名出生于德国的遗传学家，现任教于英国牛津大学。1985 年，他受命于世界上最古老的科学学会——英国皇家学会，带领一支团队评估当时英国公众对待科学技术的态度。英国皇家学会很担心英国的反科学情绪，将其视为社会福祉的严重威胁。该团队的评估结果与建议发表在一篇影响深远的论文中，现被称为博德默尔报告。

过往研究主要集中于对态度的直接衡量，而博德默尔和他的团队强烈主张一个简单而直观的说法：反科学与反技术源于理解的匮乏。因此，通过增进对科学的理解，民众对科学的态度会更加友善，且能更好地利用科学技术并从中获益。这种对科学的态度取决于理解程度的观点通常被称为缺失模型。根据这个模型，反科学思维的出现是由于知识的缺失，也会随着缺口被填满而消逝。

博德默尔报告的出版是开创性的，世界各地的科学家们受此启发着手开展有关公众理解科学的研究。在美国，这项研究由国家科学委员会牵头。他们每两年对研究现状进行综述，撰写成科学与工程指标报告。弄清如何评测公众对科学的理解是一大挑战。科学庞大而复杂，没有哪个单纯的测试能完美涵盖。国家科学委员会关注的要素之一就是人们在一系列基本事实性问题上的表现。

以下是自 1979 年国家科学委员会开始对美国公众展开调查以来最常问的科学知识问题。答案请见本书第 157 页最下端。看看你能答对多少吧。①

问题	正确率（%）
1. 对或错：地心温度极高。	84
2. 对或错：数百万年来，大陆的位置一直在移动，并将继续移动。	80
3. 地球绕着太阳转还是太阳绕着地球转？	73
4. 对或错：所有辐射都是人为造成的。	67
5. 对或错：电子比原子小。	51
6. 对或错：激光由聚集声波而产生。	47
7. 对或错：宇宙起源于一场大爆炸。	38
8. 对或错：克隆生物所产生的是基因上完全相同的副本。	80
9. 对或错：父亲的基因决定后代的性别。	61
10. 对或错：普通番茄不带有基因，而转基因番茄有。	47
11. 对或错：抗生素既杀死病毒也消灭细菌。	50
12. 对或错：据我们所知，今天的人类从某些早期动物物种演化而来。①	47

① 1. 对。2. 对。3. 地球绕着太阳转。4. 错。5. 对。6. 错。7. 对。8. 对。9. 对。10. 错。11. 错。12. 对。

表中“正确率”一栏的数字是指在 2010 年被调查者中答对这道题的人数占比。问题 7 和问题 12 是有争议的，因为答对它们需要某些受试者违背他们的宗教信仰。一旦在问题前面加上“据天文学家的观点”或“据进化论的观点”的字样，这两道题的正确率便提高到 70% 上下。[8] 不过，人们回答这些问题的整体表现还是会令你感到诧异。哪怕人们只是随便猜一下，他们也有一半的机会猜对。先别急着笑话美国人有多么无知。其他来自包括中国、俄罗斯、欧盟、印度、日本和韩国的受试者表现也不怎么样，大多数国家的情况还要更糟一些。

除了这些知识性的问题，调查者通常还会询问人们的态度，并发现那些答对更多问题的受试者对科学和技术的态度往往也更加友善。在 2013 年的一项研究中，我们所负责的科学素养测验询问了人们对一系列技术的观感，其中包括转基因食品、干细胞疗法、疫苗接种、纳米技术、核能以及食品辐照。答题正确率更高者也更倾向于认为，这些技术对社会福祉而言是可以接受且利大于弊的。

故此，知识与态度之间似乎确有些许关联，尽管相当微弱。但如下所述才是缺失模型的症结所在。数十年来的公众科学教育对实现博德默尔报告之理想都是无用之功，该理想是通过培育科学素养来改善整个社会对科学的积极观念。尽管人们在提升公众对科学的理解上已投入了大量的努力和资源，成百上千万美元的经费用于科学研究、课程设计、科普宣传和学术交流，我们仍然无法取得进展。反科学思想依然无处不在且长盛不衰，而教育似乎无济于事。

反疫苗即是一个教育无力改变态度的好例子。美国达特茅斯学院的政治学家布伦丹·奈恩（Brendan Nyhan）与其同僚发起了一项针对父母的研究，看看提供更多的信息能否提高他们对给孩子注射麻腮风三联疫苗的接受度。[9] 父母们会接收到各式各样的特定信息，接着会有人征询他们对疫苗与自闭症之联系的看法，请他们评估疫苗引起严重副作用的可能性，以及他们让自己的孩子接种疫苗的可能性。在一种情境下，父母们接收的信息包括一大堆因未接种疫苗而引发的潜在恶果。在另一种情境下，父母们会看到一些患有麻疹、腮腺炎和风疹的儿童照片。在第三类情境下，父母会读到一个受麻疹感染的孩子的感人故事。在最后一类情境下，父母们会看到由疾病控制与预防中心发布的破除疫苗与自闭症之联系的声明。测验结果着实令人沮丧。上述信息都无法提升人们接种疫苗的意愿。事实上，其中部分信息甚至是火上浇油。看到照片中病怏怏的孩子们，父母们反而更加坚信疫苗与自闭症的相关性，而读完那个感人的故事以后，父母们越发相信疫苗会带来严重的副作用。

究竟是哪里出错了？这是过去几年中有关公众理解科学的期刊文章中最为人津津乐道的话题。最近，主流观点认为，什么都没出错，错在我们的期望。那就意味着，缺失模型本身是错的。对待科学的态度并非基于对证据的理性衡量，因此，提供更多的信息并不会带来改变。相反，人们的态度取决于一系列语境和文化因素，这些因素导致他们在很大程度上难以被撼动。

忠于共同体

耶鲁大学的法学教授丹·卡亨（Dan Kahan）是这种新观点的

倡导者之一。卡亨认为我们的态度并非基于对证据理性客观的评价。这是因为我们的信念不是相互分离的数据片段，能够随心所欲地接纳或摒弃。相反，人们的信念彼此深深地交织在一起，共享文化价值观念和身份认同。摒弃某项信条往往意味着一整套观念都随之而去，离开社群，背叛曾经相信和热爱的东西，简而言之就是在挑战我们的身份认同。从这个角度出发，仅提供一点点关于转基因作物、疫苗、进化或全球变暖的信息怎么会对人们的信念和态度造成影响呢？文化对于认知的力量不过是让这些教育方面的努力陷入困境。

有关文化价值对认知的影响，此处可以举一个有力的例证。迈克·麦克哈古（Mike McHargue）是化名为“科学迈克”的播客主播和博主。[10] 他成长于佛罗里达州的塔拉哈西，作为激进的教会成员，他支持许多与科学共识背道而驰的观点。该教会完全按字面意思解释《圣经》，笃信年轻地球创造论，否认进化论，且相信祷告能够替代医疗。在其大部分人生岁月中，“科学迈克”都对这些东西深信不疑。然而，当他 30 多岁开始阅读科学文献时，从前的这些信念开始动摇。随机对照实验质疑了祷告的疗愈能力，物理学研究确定了宇宙的真实年龄，生物学及古生物学研究也都支持进化论。他最初感到自己完全失去了信仰，很长一段时间里都在教会极力隐藏自己的新观点。最终，一段经历帮助他重拾信心，如今迈克是一名见习基督徒，但他仍反对激进教会的反科学思想。

他主持的一档名叫“问问科学迈克”的播客节目是科学与宗教独一无二的混搭。节目的大多数时间都在关注对科学话题的详尽解释，如相对论，宇宙大爆炸，以及死后会怎样，但有时也会在不经意间谈到对信仰以及神性的冥想。在讨论自慰和大麻等禁忌话题的一集中（如果你想知道，我会告诉你，“科学迈克”认为这两样都不是坏事），一名观众来电询问他是如何开始质疑他的激进教会的，并请他给出具体的应对建议。下面是“科学迈克”的回答：

> 你问我当发现自己在人群中是个怪胎的时候，该怎么生活，我对此有没有什么建议？当然有。不要在你的社群里当怪胎……你现在就是一枚定时炸弹。因为在某些时刻你无法继续假装下去，你会实话实说，这将给你的教会带来巨大的附带损失和影响。现在你应该继续向前，找到一个与你信念相符的社群……一旦你找到了，你将失去某些人际关系。有些人无法接受异议，而这样的人际关系也会变成一种暴力……这太痛苦了，因为他们都是我最亲近的人，而我再也无法与他们交流了……那种曾经拥有的人际关系无法维系了，这太艰难了。我不会说谎。这真的太艰难了。[11]

当你听他谈论科学时，迈克显然很聪明、思维周密而审慎，他怀着明智的谦逊之心，对自己所不知道的事和所谈论话题的复杂性都有自知之明。但截至目前，他仍保有一大堆在绝大多数科学家看来荒诞至极的想法。当他开始质疑这些信念时，结果是这完全颠覆了他的生活以及他曾经最亲密的人际关系。这就是文化的力量。我们的信念并非个人所有，而是与整个社群共享。这使得信念非常难以改变。

“科学迈克”的经历让我们体会到知识错觉从何而来。个人对新科技发展的所知往往不足以形成丰富而细腻的观点。除了采纳那些为我们所信任的立场外，我们别无选择。我们的态度与周围其他人的意见相辅相成。而抱持着强烈的观点这一事实，也让我们觉得一定有某个坚实的基础在支撑着我们的观点，因此我们自以为了解得很多，比我们实际知道的多得多。

本书第 157 页中介绍的研究很好地说明了这一点，我们请受试者接受科学素养的测验，接着询问他们对科学技术的态度。我们也请受试者为自己对科学技术的了解程度打分。科学素养的高低与人们对自身知识丰富度的评价无关，那些满篇错误答案的受试者认为自己和那些正确率高的人一样了解科学技术。

这种自信似乎很合理，因为它从未接受过评测。我们周遭尽是些思维都在一个水平上，知识量差不多一样少的人。我们生活在一个知识共同体中，不幸的是，共同体有时也会在科学方面犯错。倘若不改变共同体的共识，或不能让多个共同体中的学习者联合起来，培养科学素养的尝试就无法见效。

到目前为止，这些听起来应该都不陌生。人们对复杂事物的理解往往很有限，且在汲取细节方面困难重重（如回答事实性问题）。他们也不太清楚自己究竟知道多少，而且严重依赖其知识共同体作为信仰的基础。结果是，激烈且极端的态度难以被改变。

以上这些意味着我们应该彻底拒缺失模型于千里之外吗？试图通过教育提升人们对科学技术的接受度真的完全是徒劳吗？

错误的因果模型

科学素养研究最大的局限在于它所评估的尽是些事实性的科学知识。通过事实性的科学问题来探明人们的态度可不是个好办法。个别事实很难记忆，特别是对其缺乏较深刻理解的时候。我们当中很少有人对科学原理认识深刻。就像我们在本书的前两章讨论过的，心智从来就没有被赋予记忆细节的能力，我们对事物运作原理的了解肤浅之极。

让我们以测试中的一个问题为例——对或错：抗生素既杀死病毒也消灭细菌。当我们用这类问题评测科学素养时，自然而然地，我们会聚焦在那 50% 答错题的人身上，并自问怎么帮助他们向另外 50% 回答正确的人看齐。或者，如果我们没那么无私，就会问，这些人到底有什么毛病？媒体可不会这么宽宏大量。随着年度“科学与工程指标报告”的发布，我们都预期会有一堆标题如下的文章出现，比如“科盲 101：1/4 的美国人不知道地球绕着太阳转”。[12] 但这不是问题的关键。另一种反思这项测试结果的角度是，关注那些答对题目的人，看看他们是不是真的有什么过人之处。事实上，大多数知道抗生素只对灭菌有效的受试者把这一点当作一则孤立的知识进行记忆，并没有更多的细节支撑。我们当中有多少人能够详尽地解释出细菌与病毒之间的确切差异，并说明抗生素起到什么作用，以及为何它对细菌有效而奈何病毒不得？这应该没什么好惊讶的。想让普罗大众对一大堆科学原理都了然于胸本身就是不可能做到的。这就是为什么我们如此倚重知识共同体。

本书第三章指出，是人类个体的认知系统成就了因果推理。人类构建并理解因果模型。因果模型是人类运用我们对世界运作机制的理解来思考和推论世界的方式。而在第四章中，我们看到个体的（因果）模型往往是幼稚而不准确的，时常为迎合我们的直觉而带有偏见。这些模型也影响着我们对科学的态度。

此处可举一则常见因果模型如何导致谬见的例子。韦罗妮卡·伊尤克（Veronika Ilyuk）、劳伦·布洛克（Lauren Block）和戴维·法罗（David Faro）有关消费者行为的研究表明，大多数人在从事一项困难任务时相信药物失效得更快。例如，一个正在卖力工作的人会觉得他/她之前吃过的能量棒消耗得更快。而真实情况是，大多数药物作用时间的长短与服药者的工作强度并无关联。但药效缩短的确非常直观，因为我们有关药物效用的因果模型是从其他领域的经验中习得的，越费力消耗的资源就越多。汽车爬坡会比在平地上行驶耗费更多汽油，对自行车骑手而言，上坡也会比下坡消耗更多的卡路里。此处的问题已不仅仅是学术错误了。这类伪因果模型会致使人们消费比合理用量更多的药品。[13]

让我们回看几个本章早些时候讨论过的反技术案例。转基因食品如今备受争议，但美国科学促进会指出，科学上已有明确结论："经由现代生物工程分子技术改良的作物是安全的。"[14]在欧盟，反转基因作物之声愈演愈烈，尽管欧盟委员会已宣布："跨越25年，超过130个研究项目，500余个独立研究团队得出的主要结论是，生物工程，特别是转基因作物并不比常规的作物育种工艺具有更高的风险。"[15]那反对人士还在坚持什么呢？

事实上人们反对转基因作物的原因五花八门，但很明显的是，有关基因工程技术的因果模型有误的确是部分原因。不妨花点儿时间扪心自问你对基因工程究竟了解多少。如果你和大多数人一样，那你了解得不会太多。当然还有很多人属于谈转基因色变的类型。一种常见的担忧是对污染的恐惧。在我们进行的一项研究中，约有1/4 的受试者认为"植入食品中的基因能够转录到摄取这些食品的人体遗传密码中"。另有 1/4 的受试者表示他们不太确定，但这种说法可能是正确的。这种说法是不对的，而且可以肯定的是，如果你真的相信，就太可怕了。这也解释了为何他们深陷谬误并对转基因作物表现出最强烈的反对。

甚至，那些不认为转基因作物会改变人类遗传基因的人也怀有与污染相关的其他恐惧心理。在另一项研究中，我们向受试者征询他们对几种不同的基因改造产品的观感。我们请受试者估量他们对该产品的接受度，以及如果比市场上同类常规产品价格低 20%，他们购买的可能性有多大。我们调整了受试者可能与这些产品发生的潜在接触量。部分产品被设定为消耗品，如酸奶和蔬菜高汤；其他则是像乳液一样被涂在皮肤上的东西；还有些是喷在空气中的，比如香水；最后还有些产品是受试者几乎不会接触到的，例如电池和房屋中的隔热设备。受试者无法接受经过基因改造的产品出现在食品当中。他们对接触皮肤的产品接受度稍高一些，对喷洒在空气中的接受度更高，而对那些他们不怎么会接触到的产品则有更强的购买意愿。显然，人们是在用理解病菌的方式看待基因改造技术。

人们对转基因作物的态度还取决于另一项重要因素，受体与供体之间的相似性。我们先来看看佛罗里达州柑橘作物黄龙病的解决之道。[16]黄龙病是一种具有高度传染性的细菌感染，会对柑橘植株造成致命打击。它的传播速度快且难以根治。出于对佛罗里达州柑橘产业未来的担忧，种植业者一直在进行有望对抗这种疾病的基因改造试验。其中一种已被证明有效的方法是从猪身上移植一个基因，编码为一种输送抗体的蛋白质。但柑橘业者不愿采取这项措施，因为他们坚信消费者是不会接受水果里面有猪的基因的。他们担心消费者会认为经基因改造的作物将携有供体的属性，远不止通过基因编码输送某种特定的蛋白质那么简单。在这种情况下，他们或许会想象出带有一点点猪肉味道的橘子。

柑橘业者很可能是对的。在一项受严格操控的实验室研究中，这一效应得到了丝毫不差的再现。相比于供体和受体异种的转基因产品，人们对二者相似度高的产品接受度也高得多。在另一项研究中，近半数的受试者认为将橙子中植入菠菜的基因会使橙子尝起来有菠菜的味道（事实上并不会。）

但凡你对转基因技术有所了解，你会明白这些顾虑都是杞人忧天，但它们的确与直觉相符。人们不太了解基因改造的原理，于是他们就照搬其他领域的因果模型来自圆其说。人们对转基因作物的抵触不仅仅是出于上述担忧。有些人提出环境方面的考量，另一些人则担心大企业对权威技术的垄断，以及有些人就是泛泛地感到焦虑（“这项技术刚刚问世，谁知道会有什么后果”）。但错误的因果模型在其中起到了重要的作用。

对其他争议性技术的抵触也可能源于解释这些技术原理的因

果模型有误。食品辐照是让食物暴露于高能辐射之下，以消灭病原体。几十年来的试验都表明，食品辐照是安全的，且能有效地降低食源性疾病以及延长食品的保质期。但这项技术从未得到普及。公众对食品辐照坚决抵制，其部分原因是辐射和放射的概念被混淆了。辐射是能量的发射，可见光和微波都属于辐射线。放射性是不稳定原子的衰变，会放射出对生物造成损害的高能辐射。当被问及为何反对食品辐照时，许多人回答说他们担心辐射会“滞留”在食物当中并造成污染。这样的恐惧完全没有科学依据。

学者郑艳梅（Yanmei Zheng）、乔·阿尔巴（Joe Alba）和莉萨·博尔顿（Lisa Bolton）已找到了减缓此类担忧的办法。相对有效的方法之一是直接为这种技术改名换姓，使它不再引发与放射性有关的联想。当使用“低温巴氏灭菌法”这个称呼时，人们对这项技术的接受度大幅提高。另一个方法是利用某种比喻修正人们的因果模型。将食品辐照与阳光照进窗户作比，人们的观感就会所有改善，这大抵是因为大家都认为阳光显然不会“滞留”在窗户上。[17]

疫苗接种是另一个因机制认识有误而导致抵触的例子。最常被反疫苗人士援引的论据即是他们声称注射疫苗同自闭症之间存在关联。尽管这条谣言已被戳穿，但与此相关的忧虑仍持续存在。反对者往往把矛头指向一种含汞的化合物——硫柳汞，它被作为某些疫苗的成分。这种担心还真有点儿道理。因为我们从小都被教育汞是剧毒的，一旦吃进去会造成严重的伤害。尽管疫苗中汞的含量远不足以引起不良反应，但人们想到要把汞注入身体里还是觉得毛骨悚然。

健康的生活方式可以替代疫苗接种是反方的又一常见主张。这也不无道理。确有一些证据表明某些生活方式的选择能增强免疫系统，尽管其本质和效果仍不甚明确。然而，以改善生活方式替代疫苗接种的想法是过度简化免疫系统运作原理的体现。[18] 免疫系统同时需要一般性的保护机制与一系列针对特定感染的抗体。[19] 疫苗即是为某些特定感染提供抵抗力的，尚未有任何证据表明生活方式的选择能提供此类助益。[20]

修正错误信念

信念极难被改变，因为它们受到价值观和身份认同的层层包围，且又被我们的社群共享。不仅如此，真正为我们自己所有的因果模型不是丢三落四就是错误百出。这也就解释了为何错误的信念总是如此难以被铲除。共同体有时也会搞错科学问题，通常是我们的因果模型造的孽。而知识的错觉则意味着我们没有及时或足够深入地核对自己理解得是否正确。以上就是你要的反科学秘笈。

所以，就没有什么办法吗?

在过去几年中，加州大学伯克利分校的心理学家迈克尔·兰尼（Michael Ranney）一直在试图进行有关全球变暖的公众教育，让人们更加接受这一科学共识。对于他的第一项发现，本书的读者应该不会太惊讶，即人们对全球变暖究竟是怎么回事了解得相当有限。他在圣地亚哥的几个公园里调查了上百名受试者，用一系列问题来评测他们对气候变化机制的理解程度。仅有 12% 的受试者答对了部分问题，提到大气中的某些气体会聚集热量。但基本上，没人能完整、准确地阐述其机制。

接着，兰尼试着告知人们一些信息。在一系列的研究中，他让受试者看一篇有关全球变暖机制的介绍，大约 400 字。这显著地增进了他们的理解，而且也让他们更加接受“人为因素造成气候变化”这一观点。基于以上研究结果，他正在搭建网站，打算用一个简短的视频来说明什么是全球变暖。[21] 事实上，这个视频可以要多短有多短：既有不到 5 分钟的“详解”版，也有一系列 52 秒长，带你领略气候变化现象的“精简”版。初步测试表明，这些短片确能达到预期效果。

兰尼的成果让我们看到光明在即，但我们还没有天真到以为，仅凭一项简单的干预就能让整个社会立即转变为沃尔特·博德默尔展望的那种人人心向科学的乌托邦。不过，现在就抛弃缺失模型或许还为时尚早。正如本章告诉我们的，想要有效地影响公众对科学的理解和态度，就得找出造成缺失的原因。与我们已有因果模型相悖的新资讯很难被吸收且容易遭到抵制，特别是当其立场与我们信赖的人意见相左时。但是，如果人们在一开始对其机制就没什么头绪的话，对真相也就没那么抗拒了。这也许正是兰尼在气候变化方面的试验能如此成功的原因。修正错误信念的第一步，是让人们对那些他们或他们的社群可能搞错了的科学观点抱持开放的心态。毕竟没有谁想一错到底。

第九章 政治的错觉

最近少有议题能像2010年立法通过的《平价医疗法案》（更为人所知的是“奥巴马医改计划”这个名字）一样让美国人如此兴奋。这一法案已成为众多辩论的主题，并被共和党当作攻击巴拉克·奥巴马（Barack Obama）执政表现的利剑之一。共和党人在国会多次投票废除或修订该法。然而，尽管两大党都十分激动且已各自表明态度，但没几个人真正理解这个法案。事实上，一项由恺撒家庭基金会于2013年4月进行的调查发现，40%的美国人甚至都不知道《平价医疗法案》是一部法律（12%的被调查者认为这项法案已被国会驳回了，当然它并没有）。[1]

但这并不妨碍普罗大众对此法案抱有强烈异议。2012年，就在最高法院裁定关于该法的重要条款维持原判之后，皮尤研究中心随即进行了一项调查，询问人们是否支持该判决。理所当然地，答案是极端分化的：36%赞成，40%反对，24%未表态。皮尤研究中心的问卷还包括一个提问：法院的裁决是什么。只有55%的人答对。15%的人说法庭的判决与法律相悖，30%的人表示不知道。因此，76%的人表达了看法，但只有55%的人知道他们在就什么议题表达意见。

《平价医疗法案》不过是众多更广泛的议题中的一个例子罢了。公众舆论比民众的理解判断更加极端。2014 年，最强烈支持军事干预乌克兰的美国人正是最不可能在地图上找到乌克兰位置的那群人。[2] 这里还有另外一个例子：一项俄克拉何马州立大学农业经济学系的调查[3] 询问消费者，对经过基因工程改造的食品是否应强制性标注。约 80% 的受访者的回答案是肯定的。支持这样一条法规似乎极具合理性。人们理应了解他们想要知道的信息，他们也有这个权利。但还有 80% 的受访者赞同应制定一条法规，要求对含有 DNA 的食品也强制标注。他们认为民众有权知道他们的食物里是否含有 DNA。你现在是否也百思不得其解，因为跟所有生物一样，绝大多数食物都含有 DNA。根据受访者的回答，所有的肉类、蔬菜和谷物应该被打上“小心：有 DNA”的标签。但是，倘若我们拒绝吃含有 DNA 的食品，我们都会饿死。

如果赞同给所有含 DNA 的食品贴标签的人，和为经过基因工程改造的食品是否该贴标签投票的人是同一批受访者，我们该怎么看待这次投票结果呢？这似乎有损他们的可信度。显然，大多数投票者都倾向一方的事实并不意味着他们是知情的。通常而言，对问题的强烈反应并非源于深刻的理解。他们常常缺乏理解，用伟大的哲学家兼政治活动家伯特兰·罗素（Bertrand Russell）的话来说，“慷慨激昂的陈词往往是因为缺乏事实的支撑”。克林特·伊斯特伍德（Clint Eastwood）更直言不讳：“极端主义太简单了。站好你的立场就够了，无须更多思考。”[4]

人们为何对他们所知甚少的议题如此热衷？以下是苏格拉底对

某位“政治家”的回应：

> 我离开后，自己盘算着：“我是智过此人，我与他皆一无所知，可是他以不知为知，我以不知为不知。我想，就在这细节上，我确实比他聪明：我不以所不知为知。”①

苏格拉底抱怨的这个家伙就是不知其不知。像我们大多数人一样，他知道的比自认为的要少。

通常，我们不会察觉自己所知甚少。因为了解不足挂齿的一点知识，人们就觉得自己像专家一样。一旦自我感觉像个专家，举手投足也就都添了专家风范。但事实证明，坐在我们对面高谈阔论的人所知也相当有限。所以，比起他们，我们也算是专家了。这也增强了自我的专业感。

一个知识共同体正是这样步入险境的：与我们对话之人被我们影响，而老实说，我们也被他们影响。当大家都所知不多而立场相同时，即使没有来自真正专业人士的可靠支持，群体内成员之间亦会彼此取暖，让每个人都觉得他们的观点正当合理、使命清晰明确。人人相互合理化彼此的意见，以致整体观点犹如空中楼阁，立基于海市蜃楼之上。成员们彼此间提供智力支援，但对整个群体毫无助益。

社会心理学家欧文·贾尼斯（Irving Janis）把这种现象称作群体思维。[5]一项惯常的发现是，当和想法相近的人一起讨论问题时，

① 柏拉图 . 游叙弗伦、苏格拉底的申辩、克力同 [M]. 严群，译 . 北京：商务印书馆，1983.

人们会变得更加极端。[6]也就是说，无论在讨论之前各自所见为何，讨论之后他们都会更强烈地支持这种观点。这类似一种从众心理。人们刚聚到一起进餐时都只是泛泛地聊着医疗保险、犯罪问题、枪支问题或枪支管控问题、移民问题或有多少狗随地大小便之类的话题。在每个问题上，餐桌上每个人的意见都不谋而合。到晚餐结束时，人人都感到被号召了，有权利要求对这些问题采取行动。这在今天尤其是个值得注意的问题，因为互联网让寻找志同道合之人变得轻而易举：既有信心能得到印证和拥护，又提供了一个抱怨异议者多么愚蠢和邪恶的平台。反正那些家伙也不想跟我们有任何互动。

更糟的是，我们往往并未意识到自己正身处一个装满镜子的房间之中，而这种狭隘让我们更加无知。我们无法欣赏和体会对方的观点。而极少数情况下，我们确实听到了对方在说什么，但由于他们未能理解我们，他们似乎也是白痴。我们在对方眼中被过分简化了，他们看不到细微的差别和深度。祈求“只要他们能理解”的感觉淹没了我们。只要对方能理解我们有多在乎，有多开明，以及我们的想法有多好，双方就能达成共识了。那么，问题来了：不仅你的对手没看清问题的微妙与复杂之处，你也没有。

说得极端一点，意识不到自己的无知，再加上来自共同体的支持，就真能引燃危险的社会机制。无须具备太多历史知识，你也能理解社会如何通过政治宣传和恐吓消除独立思考和政治对立，试图创造一个统一的意识形态。苏格拉底死于古代雅典人对摆脱思想污染的渴望。耶稣也基于同样的原因落难于罗马人之手。

上述事件有多种复杂的诱因，我们并不打算假装对20世纪上半叶的邪恶有何见解。然而，我们的确注意到，当时所有领袖们都不约而同地为他们的野蛮行径找了一个冠冕堂皇的理由：意识形态的统一是引领社会走向未来的真理之路。现在看来，统治者们当时极力宣扬的绝对正统都被证明是错误的。理解的错觉纷纷出现在统治者及他们的追随者身上。这些错觉的后果是不堪设想、令人发指的。

解释你的立场

解释性深度错觉让人们更坚定自己的立场，即便他们实际上没有那么理直气壮。为了验证这一点，我们利用本书第一章介绍过的罗森布利特和凯尔在测量解释性深度错觉方面的巧思，设计了一项实验。但这次，我们没有像罗森布利特和凯尔一样询问受试者关于日常物品的理解，而是询问各种各样的政治议题。[7]针对2012年美国倍受热议的各类政策，受试者被要求给出赞成或反对的态度。

- 是否应设立全国统一税
- 是否应设置碳排放总量管制与交易制度
- 是否应对伊朗采取单方面制裁
- 社会保障的退休年龄是否应上调

- 是否应设立单一支付方医疗体系①
- 教师行业是否应实行绩效制薪酬

依照该实验的标准程序，我们首先请受试者用7点量表为他们对某项议题的了解程度打分。接着他们被要求说出这项政策将可能引发的所有影响。以交易额度上限那条为例，其题干叙述如下，“就是否应设置碳排放总量管制与交易制度这一问题，请列出你所能预见的一切后续影响，并一一理清它们之间的因果联系”。最后，我们再次要求受试者自评对这项议题的了解程度。

和大多数此类实验的结果相似，受试者给出的说明都相当糟糕。除极少数人外，有关一项政策如何运作，他们都只能含糊其辞地解释。他们不知道该怎么解释这些政策的起效机制。他们也说不清为何第二次的自评分数比第一次要低。解释性深度错觉又一次出现了。他们对议题给出说明的尝试正表现出，其对议题的实际理解程度远没有自以为的那么深。我们可以说，就像人们高估自己对马桶和开罐器的了解一样，他们对政治政策的理解也是眼高手低。

在这项实验中，我们真正感兴趣的并非人们究竟是为错觉所扰还是乐在其中。我们想知道的是，这种试图做出说明的尝试能否让人们的立场不那么极端。我们已经知道，这种尝试的确让他们意识到了自己眼高手低。那么，他们会把这种意识纳入其态度并修正自

① 一种由政府作为唯一支付方，负责筹资和购买医疗服务的体系。在这种体系下，来自雇主、个人和政府的资金会由政府筹集，统一管理，并用于支付每个公民的医疗开支。——译者注

己的立场吗？换句话说，这种无果的尝试会让人们变得更谦逊，不再那么坚持己见吗？

为了寻找答案，受试者不仅被要求为自己的理解程度评分，还要用 7 点量表为他们在这个议题上的立场强弱打分，1 分代表非常支持，7 分代表极度反对。和前面的实验程序一样，受试者在给出政策后果的说明前后，分别都要为自己的立场强弱评分。如此一来，我们便可以通过计算人们的打分与中立值（4 分）之差来评定他们立场的极端程度。按照这种算法，1 分（坚决支持）和 7 分（坚决反对）同属一组，因为它们都是最极端的评分。

我们发现，对政策起效机制给出说明的尝试不仅降低了受试者对自身理解力的良好感觉，还缓和了他们立场的极端程度。倘若把两组实验合并来看，极端度评分的降低显示出，“给出说明”这项活动使得人们不再那么偏激了。“给出说明”的尝试让他们在观点和立场上有所收敛。

这些结果也不乏违背直觉的一面。一种解释认为，仔细考虑某项议题会让人们意识到他们的理解是多么有限，从而调整自己的观点。或许正是因为在群体中讨论观点会让立场更加偏激的缘故，其他直接询问观点（而非思考议题）的实验则把人们推向极端而不是缓和态度。[8] 通常而言，当人们就某个议题考虑该持何种立场时，他们会回想“我为何相信，我做了什么”，并得出一个支持既有观点的结论。他们不会用因果性的解释来衡量该政策的利弊得失。

思维的模式多种多样。通常当人们在谈论政治时，他们并没有调用因果性的解释。大多数有关政策的讨论都是关于我们的信仰和作为：谁站在我们这一边，这项政策受什么价值操控，那天的新闻里是怎么说的。我们的实验要求人们从因果关系的角度解释一项政策的影响，这是一项困难且不同寻常的任务。这项任务需要受试者深入细节之中，并说清楚该政策如何与这个复杂多变的世界相互作用。

因果性的解释可能相当困难，但它有着远超于学习机会之外的益处。因果性解释的美丽之处在于，它需要解释者跳出自己的信念体系。试想，一条明日起即生效的新法规将你所在地区每人每日的用水量限制在 10 加仑[①] 以内，短期内会产生什么后果呢？长期后果又是什么呢？它会对你居住地的房价产生哪些影响？净水标准会改变吗？这些都是很棘手的问题。但请注意，回应它们的唯一办法是想象一个不同的世界，即一个人们用水量少得多的世界，并推断这个世界将会变成什么样子。你不得不考虑孰轻孰重（你会先洗澡，洗衣服还是洗碗筷？），但是你不能只关注自己。你还得思考其他人会做何反应，如何应变。

你不能仅凭个人感受就判断一项政策的影响。你得从政策本身考虑，它将如何被付诸实施，由谁主持，以及接下来会发生什么。这种抽离自我的思维对于调和政治观点可能是至关重要的。让人们抛开自己的偏好和经验可能是必要的，这可以减轻他们的傲慢，从而缓解政治观点的极端程度。因果性的解释可能是打破这种解释性深度错觉、改变人们态度的唯一方法。

① 美制 1 加仑 =3.785 升。——编者注

为了一探究竟，我们再进行一组实验。该实验流程和前一个几乎一模一样，但这次受试者要做的不是给出因果性的解释，而是说出他们支持某方立场的原因。受试者被要求详述他们为何对政策有这样的观感。这一次他们不用抽离自我从政策本身考虑，而是特别要从自己的角度来审视。如此一来，这就成为人们考量政治政策的正常模式了。受试者回答了和第一个实验中相同的问题：在给出原因前后分别自评对该议题的理解力和立场的强弱程度。

给出原因而非因果性的解释会导向完全不同的行为：受试者既没有降低对理解程度的打分，也丝毫没有要缓和立场极端性的意思。与做出因果性解释不同，给出原因对理解上的错觉并无影响，致使他们仍然和之前一样极端。找个原因相当容易。要合理化你对碳排放总量控制与交易制度这条政策的支持，你可以诉诸保护环境的理念。哪怕你根本意识不到自己对总量控制与交易制度的了解多么肤浅，你还是可以大言不惭地这样说。与此形成鲜明对比的是，当你被要求做出因果性的解释时，你则不得不面对知识上的空白。

这说明因果性的解释非比寻常。就某个议题展开思考能够让人们调和自己的立场，但那不是我们平日考虑政治问题的惯常模式。为你的立场找理由除了强化既有信念，别无他用。你要做的是关注政策本身，想想你真的想要这项政策落实什么，以及会导致什么后果，而这些后果又会造成何种影响。你要比大多数人都更深入地考虑事物的机理。

对于人们改变其对政策态度的评分，你或许不会太惊讶。评分可能只是受试者愿意展现给别人看的一面，并不反映其真实态度。因此，在另一个实验中，我们给受试者多施加了一点压力。测试被分为两组。和先前的实验一样，一组要做出因果性的解释，另一组则给出原因即可。然后，我们让受试者做一个决定。这一次，两组人被要求为一小笔资金的支配做出选择，而不是为自身立场的极端程度评分。他们有 4 种选择。

1. 捐赠给一个志同道合的团体。
2. 捐赠给一个针锋相对的团体。
3. 留下这笔钱。
4. 放弃（把这笔钱还给实验者）。

不出所料，很少有人会选择方案 2 或方案 4（既不会捐给对立方也不会把到手的钱白白还回去）。给出原因的那一组受试者表现正如你预期，先前表现出立场强硬者比那些相对中立者更有可能做出捐赠的决定。但这种差异在试图做出因果性解释的那一组人当中消失了。起初，更极端的人并不比温和派捐赠得更多。这说明因果性解释让极端派对其立场的不确定性增加，这改变了他们的行为。人们意识到自身理解上的限制，这一点降低了他们为推进其立场而采取行动的意愿。

通常，人们在某些议题上都有强烈的立场，而这些立场一般只有极少的依据作为支撑，能表达清楚的依据肯定就相当少了。但是，不一定非得如此。我们的研究表明，让人们详细地做出因果性的解释能打破他们理解上的错觉，从而降低立场的极端性。考虑到极端主义带来的种种恶果，包括政治僵局、恐怖活动以及战争，这似乎也是好事一桩。

价值还是后果

影响人们对政治政策态度的因素都有哪些？我们已经看到，对这些政策后果的深入分析远不如你想象中那么重要，而你所处的社群反而在其中涉入颇深。但认识到另一个左右人们观点的关键因素也至关重要：有些特定价值在我们看来是神圣不可侵犯的，无论经过多少讨论、争辩都无法动摇它们。

乔纳森·海德（Jonathan Haidt）认为道德结论很少基于推理，更多的来自直觉和感觉。[9]其最强而有力的证据源于一个被海德称为“道德错愕”的例子。为了证明这一点，他给出了下述情境（注意：下面的故事可能会引起不适）。[10]

> 朱莉和马克是一对兄妹。他们于学校放假期间一起去法国旅行。某晚，他们一起住在海滨的一间小屋里。两人都觉得如果尝试做爱一定会好玩又刺激。至少，对他们而言这都是一项从未有过的新体验。为确保万无一失，朱莉服下了避孕药，马克也使用了安全套。他们都很享受做爱的过程，但他们决定到此为止。那一晚作为他们的独享秘密，让彼此感到越发亲近了。

大多读过这个故事的人都会做出两种反应：首先，他们觉得恶心；接下来，他们指责朱莉和马克的行为是不可理喻的道德败坏。到目前为止，这些都没什么好大惊小怪的。因为大多数社会对乱伦都有所禁忌。更值得讨论的是，人们无法为他们的反应找出一个合理的理由。大家只是支支吾吾地给出“乱伦是不对的”，或者“这是一种禁忌”之类的说法。但这些都不过是对其道德反应的重述而已。除了“这种行为是不对的”，他们就不会说点儿别的了。在刚才的叙述中，朱莉与马克的行为没有导致任何负面结果，海德以此巧妙地排除了恶果引发道德愤怒的因素。你可能会以近亲生子很可能导致新生儿先天缺陷为理由否定他们的性行为。但由于朱莉和马克已采取了双重避孕措施，这种指责也就不攻自破了。你不能说性行为破坏了他们兄妹的关系，因为他们反而更加亲密了。你也不能指责性行为破坏了兄妹二人与他人的人际关系，因为除了他们自己再没有第三个人知道了。但大多数人还是对此表现出强烈的反感，并坚持他们的观点。其背后的原因真是令人吃惊。

显然，强烈的道德反应不需要理由作为支撑。强烈的政治观点也不用。有时候，我们是否了解政策的后果都无关紧要。这些态度都不是经由因果分析而得出的。我们不在乎某项政策的成败得失，其背后承载的价值观才是真正重要的。[11]

某些政策也塑造着你自己。也许你支持或反对的任何一项政策将使女性更容易实现堕胎。很多人，无论是支持人工流产的还是反对堕胎的，他们都有一个共同点，他们都不怎么关心堕胎法案的代价、对女性健康的影响，或是可能的经济后果。这些人会说，堕胎政策不应像规划项目的产出一样，被放在成本—效益分析的框架下进行判断。它的实施与否应该由是非对错来决定。如果你是支持人工流产的一方，你的论点可能是，女性有进行选择的基本权利，不应由别人来告诉她们该怎么对待自己的身体。如果你是反堕胎派，你可能会认为没人有权利擅自终结一个无辜胎儿的生命，堕胎是谋杀，而谋杀是有罪的。无论如何，你的态度都不是基于对这项政策的因果分析，而是根据一条至高无上的价值观，我们的行动皆不顾后果地受其支配。

许多人对于安乐死的态度也是基于这类神圣价值，而非自杀所带来的后果。一方认为，当面临极度痛苦和绝望时，我们都有权利在专业人士的协助下以人道的方式终结我们的生命。另一方则指出，取走他人性命是谋杀行为，不管当事人是否有寻死意愿，也不管他寻死的原因为何。寻死权利政策所带来的这些后果，牺牲和救助，以及将导致或避免的痛苦和愧疚，都被那些基于神圣价值做判断的人视而不见。对于这样的人来说，这是一道是非判断题。

到目前为止，我们关注的都是有关后续影响的因果推理。我们认为解释性深度错觉将缓和立场的极端程度，因为人们会意识到他们对一项政策所造成后果的了解不如自己以为的那么充分，这将让他们对持极端态度望而却步。但如果此人并非结果主义者，而是基于无上的价值观进行判断，那么就算打破错觉也无关紧要。

实则不然。我们就上述两个极具争议性且基于价值判断的问题调查人们的看法。一个与堕胎有关（女性在怀孕的前三个月内是否有权终止妊娠），另一个是安乐死（医生是否可以帮助遭受极度痛苦的个人自杀）。对于这些问题，在受试者被要求给出因果性解释的前后，对该判断的解释性深度错觉并没有出现。人们的立场也没有更加温和。在进行因果性解释之后，人们仍和之前一样极端。

因此，我们探讨的因果性解释对缓和立场是简单而有效的良方这一结论，只适用于某些立场判断基于后果而非价值观的特定议题。这涵盖了不少议题，在大多数情况下，对后果的考量都左右着意见的取舍。从核能发电到教育和健康保险，对于绝大多数人而言，能达到最佳效果才是这些问题的重中之重。

但人们也会口是心非。某些政治立场的拥护者常常把结果导向的政策装扮成基于价值判断的样子，来掩饰他们的无知，也防止中立派推动妥协或和解。医疗保健之争就是个极好的例子。大多数人只是想以最优惠的价格获得最好的医疗保健。关于这个议题的全民大讨论也应围绕如何达成此目标展开。但是，这样的讨论将会是充满着技术性且相当无聊的。因此，政客与相关利益集团将此议题转向至高无上的价值判断。一方质问政府是否应多管闲事地替我们操心医疗保健，向众人强调限制政府权力的重要性。另一方提出人人都应享有正当的健康照护，摆出慷慨无私与避免伤害的大义。双方都没切中要害。我们大都持有相似的基本价值观：我们想要保持健康，也想让别人保持健康，我们想让医生和其他医疗专业人士获得应有的报酬，但我们不想为此掏空荷包。医疗保健之争与基本价值观无关，因为在大多数人的心目中，基本价值观根本不是问题。问题在于什么是实现最佳结果的最佳方式。

所以，在各种政策问题上，政客与利益集团为何总是强调价值观判断而非思考因果得失呢？最显而易见的答案是，为了混淆视听：以结果为导向的分析不会产生能为他们赢得选票或募得资金的政策偏好，因此他们也避免结果主义的分析占据主导地位。另一种说法是，从后果与影响出发思考一项政策不那么容易，甚至可以说相当困难。相比之下，用普世价值之类的老生常谈来掩盖无知就容易多了。这是政界老油条的惯用伎俩。这个秘诀是数千年来人们在游说的艺术中通过实践习得的，当态度有了神圣的价值做后台，结果已经无关紧要了。

莫尔塔扎·迪格海尼（Morteza Dehghani）与其同事的一项关于伊朗人对核武器计划之态度的研究呼应了这种冷嘲热讽。[12] 伊朗因在 21 世纪的前 10 年当中一意孤行地发展其核武器而在国际社会四面树敌，伊朗的领导人开始积极进行政治宣传，力图将发展核武器变成伊朗人的神圣价值。对核武器的追求被宣称为伊朗人与生俱来的权利，可以在数百年来的民族历史，甚至教义中找到根据。他们将当前局势与以往外国势力侵犯伊朗主权的历史作比，试图把核武器计划说成一个有关民族主义和民族自决的故事。迪格海尼的研究证明，令人不安的是，这种政治宣传效果惊人。将核武器与民族价值联系起来的伊朗人对任何条件都不肯让步，哪怕真的是个不错的解决办法，都不能让伊朗放弃发展核武器的野心。所幸，不是所有伊朗人都是这样看问题的。

类似的例子在西方世界也层出不穷。近年来，美国人对同性婚姻的态度发生了结构性的转变。根据皮尤研究中心的调查，2004 年，60% 的美国人反对同性恋结婚，只有 31% 赞成同性婚姻。让我们快进到 2015 年：55% 的人赞成同性婚姻，只有 39% 的人反对。[13] 在此期间，有关这种婚姻制度的利与弊的争执的核心，从价值观念（“同性婚姻是错误的”与“人人有权利结婚”）转变为更偏重结果导向。这种讨论模式的转变不一定与态度的转向有必然的因果关系。它也可能只是衍生效果之一：可能正是由于态度改变了，才导致人们开始讨论结果而非基本价值。所有的可能性都是双向的：讨论模式的改变导致一部分人开始从不同的角度思考这个议题，并转变了想法，与此同时，那些改变立场的人也使讨论模式焕然一新了。

无论我们所讨论的议题是结果取向还是价值取向，都影响着谈判中达成妥协的可能性。我们以巴以冲突为例。不管你支持哪一方，大多数人都不得不承认这种情势对双方而言都是悲剧。或许存在一个替代方案，无论对巴勒斯坦还是以色列都是更好的选择。不幸的是，争端已发展到无法调和的地步，由于相互不信任和极端对抗，冲突在所难免。谈判似乎陷入无限循环的调停过程，止步不前，随之而来的是相互责难，然后，谈判破裂。

进展不甚理想的原因之一是双方都将恨意诉诸神圣的价值对立，斩断了任何妥协的可能性。纽约的新学院大学的心理学家杰里米·金格斯（Jeremy Ginges）与他的同事一起调查了巴勒斯坦人和以色列人对巴以问题潜在的解决方案的态度。凡是把双方冲突上纲上线到价值观层面者，物质补偿的解决方案都会激怒他们。[14] 哪怕稍微有一点点结果主义倾向，都能大大改善巴勒斯坦和以色列的关系。但结果似乎并不重要，因为双方都深感被侵犯和亵渎。

诉诸神圣价值的思路是相当诱人的，因为它们把问题变得很简单。所有令人讨厌的烦琐因果分析都可以抛在脑后了。而且，神圣价值能够永远立于不败之地。例如，谁会对黄金定律有异议呢？除非绝对必要，我们都将避免伤害他人视之无上崇高的价值。而对于其他的价值观我们也都一致公认。比如，我们都认同生命、自由与追求幸福是天赋人权。神圣价值观固有其作用，但它们不应成为阻碍对社会政策进行结果式因果推理的绊脚石。

“无知”的选民

这项讨论让我们汲取了有关政治文化的各种教训。其中之一就是确认了我们在政治论述方面一个显而易见的事实：相当粗浅。公民、评论家和政客们常常在对一项立法提案做出严肃分析之前就已经选好了赞成还是反对的立场。综艺节目把自己伪装成一副新闻报道节目的样子，但实际上是让嘉宾们互相泼脏水。事实上，不一定非要这样不可。作为个人的我们往往是无知的，但通过广播电视这些重要媒介得到的，应是有意义且经过深思熟虑的专业见解。我们不是要求这些电视节目完全不带有任何偏见，所有的报道都难免有所偏颇。但公众应得到一个客观理性的分析，面向公众的声音应该充分考虑政策提案的实际后果，而不仅仅是排山倒海般的口号和游说。若能手握更详细的分析，我们的决策过程或将受到影响。

我们绝对不是在暗示每个人在各个领域都得成为行家。这是不可能的。连专精于一门都已经足够不容易了。我们已经看到，这个世界无限的复杂程度超出任何人的掌控。人们活在知识共同体当中，为了让共同体发挥作用，就需要将认知劳动进行分工。为了让知识得以在共同体内被共享，必须有可靠的知情人士扮演专家的角色，在特定议题上站出来说话，但并非人人都得无所不知无所不晓。如果这个共同体正在为如何给成员们提供健康保健而踌躇不定，此时，那些医疗保健分配方案的行家里手应成为我们的导师。如果这个共同体正为要不要修建公路而犹豫不决，那就得去请教并托付给工程师了。专家无法替共同体决定他们的需求，这方面共同体得自食其力。但专家可以协助共同体判断哪些方案是可行的，并告知其后果。

这是一种精英主义吗？我们请专家来决策是否意味着仅代表了受教育阶层的自身利益？完全求助于专家确实等于捅了马蜂窝。专业人士往往在他们最擅长的议题上涉有一己私利。对健康保健了解最充分的人大多也从事相关行业，因此医疗保健的分配制度与他们的经济利益息息相关。工程师当然渴望公路建设能开工，因为他们正是以此为生，有越多的路要修，他们的工作也就越有保障。此外，还有更微妙的利害关系。学者就某事提供的建议也可能并非源于客观、公正的分析。学术圈拘泥于各自理论观点的派系之争已是众所周知。一名经济学教授主张签订自由贸易协定，可能只是因为他发表的论文强调了开放市场的重要性。心理学家可能会根据一项有关认知学习的最新理论大谈育儿方法，却没有任何实际养育孩子的经验。两位认知科学家可能会写一本书，声称人类活在理解的错觉中，聊以慰藉自己的无知。

认定谁足够专业并判断这种专业是否带有偏见是个麻烦的问题，但它并不是无法解决的。事实上，社会当中有许多相应组织和渠道可以寻求帮助。专家的推荐和介绍能证明他们的知识水平和可信程度。人们也可以查阅他们的过往经历并评估其声誉。虽然互联网上的信息不保证一定准确无误，但相当高效的网络信息产业已经发展出让客户对专家服务进行评分的机制了。只要客户量够大，且网站自身对搜集和反映评分结果负起责任，这还是挺有效的。查明一位专家的可靠性远比培养一名专业人士要容易多了，事实上，这也是社会上种种问题唯一的解决途径。

让专业人士来做决定，政府应依靠技术官僚的想法，这在美国政治当中重重受阻。在 19 世纪与 20 世纪之交，美国所面临的最大问题之一就是国家的财富和权力集中在几家公司和垄断组织手里。许多州的立法机构干脆任由这些强大的利益集团摆布。一项利用直接民主工具的运动颠覆了大企业主对立法机关施加的政治影响力。他们发展出一系列由一个州或自治市公民直接投票的制度，绕过立法团体，这样一来，权力不再由政客们独揽。这种表决方法有多种形式，包括倡议、提案和全民公决，时至今日，美国的许多州仍保有这种投票机制。

尽管这些民主投票机制的出发点是好的，但它们深受诟病。具有讽刺意味的是，这些投票机制在创立和推广的过程中就发生过被别有用心者利用的情况。2015 年，臭名昭著的公民表决提案，加利福尼亚州的《反鸡奸法案》，包括了数条指令，其中一条是，凡与同性发生性行为者“应被子弹爆头而死”。幸运的是，这项提案本身被当地法院枪毙了。但这个例子说明，直接民主和其他治理方式一样，极易受到操控。

批评公民直接投票机制的理由数不胜数。我们最关心的是，这种机制对知识的错觉的忽视。公民个人对于复杂的社会政策很少能获得足够的信息用于决策，即使他们自以为做到了。把投票权交给每位公民，就会埋没群体做正确判断时所仰赖的专业意见。

减税乍一听是个好主意，但不妨想想加利福尼亚州第 13 号提案。此表决于 1978 年由加利福尼亚州全体公民直接投票完成，要求降低对住宅、商业与农业资产的征税，从过去的平均 3% 减到不得超过财产售价的 1%。这项议案还限制每年度的财产课税不得超过 2%。第 13 号提案的通过引发了多种影响。其一为，在房价猛涨的地区，房主们不会因为随之暴涨的税款而被迫将房产出手。但并非所有影响都是正面的。许多市镇正是仰赖地产税作为其财政收入的。征税上限由第 13 号提案被引入这些地区，给当地市政造成了巨额的财政负担。同时，第 13 号提案也在很大程度上震动了房地产市场。一方面，它降低了房屋持有者的出售意愿，因为加利福尼亚州的大多数地区房地产市场正热，出售行为会随着估价的上涨而使财产贬值，这样一来那点税款就不值得了。对近期购房者而言，第 13 号提案引起了极大的不公，他们不得不支付一笔巨额资产税，而那些守着房产的老古董们，税额却减轻了。

第 13 号提案所产生的不公正性是一种司法的不公。当年，普罗大众很难预见这项提案会引发如此后果。但对于一名研究过改变资产税率会导致何种结果的专家而言，这就不难想到了。改变一个州市政当局的收入来源势必会产生复杂的后果，而专业到能预测出这些结果的人寥寥无几。政治代表被选出来去了解信息，与专业人士商议。公民个人很少有时间或兴趣这样做。他们不一定非得是最终做出决策之人。

温斯顿·丘吉尔（Winston Churchill）绝对有先见之明，他曾言："反对民主的最好论据就是和一名普通选民谈上5分钟。"但这个观点要结合语境来理解，他当时的观点是："民主不是一个好东西，但目前还没有找到一个比它更好的。"我们也都相信民主。但我们认为人类的无知为代议制民主，而非直接民主提供了论据。我们选出代表，这些代表应该有精力也有能力学习专业知识来做出正确的决策。可能他们常常忙于募款而无暇学习，不过这就是另一码事儿了。

我们已经看到，缓解极端主义并增加理性谦逊的方法之一，就是要求人们对政策的起效机制做出解释。不幸的是，这种做法是有代价的。揭露人们的错觉会让他们恼羞成怒。我们已经发现，要求某人解释一项他并不理解的政策不会改善彼此间的人际关系。大多数情况下，他们表示不想再继续讨论这个问题（而事实上，他们通常再也不想和我们说话了）。

我们曾希望打破理解上的错觉能激发人们的好奇心，对当下的话题能更开放地接纳新资讯。[15]但事与愿违，怎么说呢，当人们发现自己错了，反而更不愿意寻求新信息。因果性解释对打破错觉而言确实有效，但人们不喜欢幻灭的感觉。正如伏尔泰（Voltaire）所说："幻想乃第一大乐事。"幻灭会让人有疏离之感。人们喜欢的是体验成功而非无能。

一位好的领导者需要能帮助人们意识到自己的无知，又不让他们看起来很蠢。这谈何容易。一种办法是证明大家都很无知，但并非针对你。是不是无知与你知道的多少有关，而蠢不蠢则是一个与他人比较的相对概念。如果每个人都是无知的，那也就没人是傻瓜了。

领导者也有责任了解自己的无知，并有效地利用其他人的知识和技能。强而有力的领导者会让身边集聚那些在特定领域有真知灼见的人，以此利用知识共同体。更重要的是，他们会汲取专业人士的意见。一个在做决策之前花大把时间用于收集信息、高谈阔论的领导人会被认为是优柔寡断、软弱且缺乏长远眼光的。成熟的选民会尽力去寻找一个能认清这世界之复杂与艰难的领导者。

第十章 聪明新定义

不熟悉马丁·路德·金（Martin Luther King Jr），你就不可能成为北美知识共同体中的一位好公民。[1] 20 世纪五六十年代的民权运动家喻户晓，金是其领袖和主要发言人之一，在 1968 年被无情枪杀于田纳西州的孟菲斯之前，他一席激动人心的、有关梦想的演讲鼓舞了数百万人。由于上述原因，马丁·路德·金在美国已成为平等和种族正义的根本象征，而且，为了纪念他，每年一月的第三个星期一成为一年一度的国家法定假日。

可悲的是，大多数人对马丁·路德·金的了解就到此为止了。我们都知道他是一位发表过伟大演讲的伟人。但是我们绝大多数人对这个男人和他的演讲内容都知之甚少，也不知道金的演讲究竟想要达到什么目的。

也许在我们的知识中，更要命的空白在于，我们所知道的更宏伟壮阔的民权运动使金名声大噪。他当然是一位开创性的人物，但在 20 世纪 60 年代为促成民权立法而不惜一切代价的身影中，他并不孤单。他甚至不是唯一的领导人。其他包括金在内的同时代重要领导人同样参与了 1957 年南方基督教领袖会议的成立，这是一个致力于消除种族隔离的组织。这些活动家有贝亚德·杜斯廷（Bayard Rustin）、埃拉·贝克（Ella Baker）以及斯蒂尔牧师（Reverends C. K. Steele）、弗雷德·沙特尔沃思（Fred Shuttlesworth）、约瑟夫·洛厄里（Joseph Lowery）和拉尔夫·阿伯内西（Ralph Abernathy），他们所有人也都勇气不凡且毅力超群。而公民权利所仰赖的伟大男女斗士们早在金之前就现身了，在此可以两人为例：废奴主义者弗雷德里克·道格拉斯（Frederick Douglass）和妇女参政权论者苏珊·安东尼（Susan B. Anthony）。此外，还有科雷塔·斯科特·金（Coretta Scott King）、罗莎·帕克斯（Rosa Parks）和 4 个非裔美国大学生，他们通过静坐助推了运动的发展。他们勇敢地坐在了北卡罗来纳州格林斯博罗的沃尔沃斯超市的白人专用午餐区，他们被拒绝提供服务，但仍坚定地面对威胁与恐吓。20 世纪 60 年代美国少数民族法律地位的结构性转变都因他们而起。金的行动处在历史洪流之中，甚至受到总统层面的支持和干预，包括约翰·肯尼迪（John Kennedy）和林登·约翰逊（Lyndon Johnson）。

民权运动并非发生在真空里。20 世纪 60 年代是一个在各方面都发生重大文化巨变的时代，最为人熟知的是国家对战争、毒品和性的态度。毕竟，1967 年的夏天是嬉皮之夏。民权运动不过是 60 年代社会革命的冰山一角而已。

马丁·路德·金是民权运动的主要活动家和伟大领袖。尽管他拥有极高的文化地位，民权法案也不是他单枪匹马一人起草的。但他仍是这场运动的标志，就像圣雄甘地（Mahatma Gandhi）是印度独立的旗帜，以及苏珊·安东尼是妇女选举权的代言人。这三人都是伟大的领导者，但若没有身后相互支持的共同体，他们将一事无成。他们不是一个人在战斗。

个人崇拜，以及与其相伴而来的对共同体所扮演之角色的认识不足，不仅仅是一场简化复杂历史的骗局而已。我们所保留的这些人物形象决定着我们如何看待他们所参与的这些事件。每位领袖都已成为他们各自运动中的符号象征，而且，在大众的印象中，每个人都成为他的运动本身。我们都会说“是马丁·路德·金说服国会通过民权法案，改变了美国的面貌”或“如果没有甘地，印度仍在英国的统治之下”。类似这样的陈述并不仅仅是修辞手法而已。绝大多数人对民权运动知之甚少，而关于印度独立，他们的了解不比对这些伟人的壮举多多少。从认知的角度讲，某个人与整个运动事件画上等号，且原本涉及数百万人的复杂历史事件却都归功于一人。

我们以个体取代复杂整体的心理倾向可以通过我们如何谈论政府机构窥知一二。美国人谈论艾森豪威尔政府或肯尼迪政府的样子，仿佛在他们眼里，美国总统事必躬亲地履行所有政府部门的职能。《平价医疗法案》共计两万页左右的法律条文，它通常被称为“奥巴马医改计划”。你认为其中有多少是奥巴马本人起草的？我们估计一个字都没有。无论总统是不是伟大的领导人，他们一定都是普普通通的凡夫俗子。要求他们为自己的执政行为负责绝对在情理之中，但这并不意味着他们就是这些政治作为的执行人。对其中绝大多数决策而言，他们不过是一个个代号，代表政府的一张张面孔而已。

我们不仅升华了个人在政治中的作用，个人英雄崇拜在娱乐业也十分普遍。个人往往会被神化，获得信任和爱戴，而一旦做了坏事也会被骂得狗血淋头。詹姆斯·邦德（James Bond）式的角色在好莱坞大片中不仅仅是以一当十的救世主，通常还身兼品酒专家、武林高手，又玩得一手好牌，当然也总是抱得美人归。不用说，他们不属凡人之列。好莱坞的这类电影在全世界都广受喜爱和追捧。

而真相是残酷的。事实上，英国特工也需要睡眠，也会感到焦虑，而且（我们怀疑）《人物》（*People*）杂志的候选人名单上并非每位都天生丽质。我们对《女王密使》（*Her Majesty's Secret Service*）这部影片致以最高的敬意，但忍不住怀疑这项任务唯有胆大如超人才能够胜任。尽管无法一窥其内部之究竟，我们猜想英国秘密情报局里面大多也都是一群从事专业工作的普通人罢了。

类似的偏见也出现在我们对科学与哲学的理解中。我们倾向于把整个领域的研究同一名杰出的男人联系起来（有很少的情况会是一位杰出的女性）。这个人会被描述为突破其所处时代束缚，超越当前社会思潮的觉醒者。他意识到了共同体思维上的限制，凭一己之力开创新的范式，由其惊人的智慧掀起一场社会变革。这个伟大的人物通常还得和既得利益者以及当权精英分子大战一场才能赢得胜利。在坊间历史故事的版本中，苏格拉底为了捍卫自己追求信仰的自由而被迫服毒芹汁自尽[2]；由于教会禁止宣扬日心说，哥白尼只得把自己的专著束之高阁[3]；而伽利略被流放到阿切特里的一间小农舍并不久于人世。

这些人或许真的聪明绝顶，但也不是所有和他们有关的成就都应该记录在他们名下。无一例外地，他们都是站在前人肩膀上。哥白尼有关太阳系的日心说模型乃继承了古希腊人的衣钵。古希腊人搞错了关键事实，他们认为整个太阳系都是绕着地球转的，而哥白尼的理论是基于相同的观察，他的理论机制也来自托勒密。哥白尼提出的行星新轨迹所使用的天体系统在很大程度上也来自古希腊。一些杰出的科学家都承认，前人在科学领域的耕耘为这片土地提供了孕育理论种子的可能。爱因斯坦就曾这样说过，没有科学前驱的努力，就没有相对论的问世。[4]

这些伟大科学家的特别之处在于他们改变了世界。假若没有他们，这世界不会受益于他们的真知灼见，我们仍将处于黑暗时代，忙着做用铅块变黄金的美梦。但他们也远没有重要到那般地步，即便这些科学家从未出生，也可能会有其他人代替他们完成相同的发现。科学史一次又一次地证实，独立从事类似研究的人们常常在几乎相同的时间点有相似的突破或发现。[5]我们都知道元素周期表。在化学课上被要求背诵之后，我们都对它或爱或恨。元素周期表乃现代化学的核心。它列出了所有元素，即建构自然的基石，并揭示彼此间的联系，以及各自属性为何。我们大多数人使用过的教科书上都说是德米特里·门捷列夫（Dmitri Mendeleev）画出了元素周期表，但学术界也一致认同，门捷列夫并非凭一己之力就完成了所有必需的工作。他的成就立基于前人，比如法国化学家安托万·拉瓦锡（Antoine Lavoisier）。但门捷列夫获得了最高的赞誉。他在其他科学同人眼中是如此非凡，以至一种新发现的元素，钔，就是以他的名字命名的。

最近，艾瑞克·塞里（Eric Scerri）撰文考证门捷列夫首创元素周期表这一说法。[6]有不下5名科学家都创造了类似的周期表，且他们论文的发表时间都早于1869年，即门捷列夫周期表的问世时间。其中一篇（作者为法国地质学家尚古多）甚至比门捷列夫的发现早了7年。

我们要说的是，门捷列夫的元素周期表并非一拍脑袋凭空而来。他身处一个研究共同体当中，这一共同体遍布欧洲，甚至范围可能还要更广。其成员之间有书信往来，他们撰写论文，也编纂教科书，并召开学术会议。门捷列夫必定在其中贡献良多，但若没有这个共同体，门捷列夫可能还是无名小卒。元素周期表发源于这个知识共同体。

无独有偶。时至今日，科学上的同步性发现或突破仍十分普遍。就在撰写本书之时，一场关于DNA编辑酶CRISPR/Cas9系统①的专利权应花落谁家的争论正进行得如火如荼。[7]造成这种尴尬局面的原因是，两个团队的科学家几乎同时提出了这个基本想法。

科学的进步似乎除了与天才的出现密不可分之外，还得具备与特定科学发现相匹配的环境。它需要有正确的理论铺垫和数据收集。最重要的是，合宜的讨论已经展开。共同体中的科学家正在把他们的智慧聚集起来，专注于回答时机已成熟的问题。

---

① CRISPR/Cas系统全称为常间回文重复序列丛集/常间回文重复序列丛集关联蛋白系统（clustered regularly interspaced short palindromic repeats/CRISPR-associated proteins），为一种存在于真细菌和古细菌中的基因组重复丛集。Cas9是该系统中第一个被发现的核酸酶。——译者注

人类记忆的推理能力都是有限的。哪怕历史专业的学生们也就只能了解这么多了。于是，我们倾向于把事情简单化。简化问题的方法之一就是诉诸英雄崇拜，把某些重要人物与知识共同体联系起来。我们把历史事件和这些英雄绑在一起打成“懒人包”，而非试图记住众人众事的庞杂一切，当然这也是不可能的。这不仅让我们得以避开许多鲜血淋漓的细节，还把我们自己也变成说书人。英雄事迹成了共同体复杂网络中人际关系的代表，而这些历史事件也在塑造着整个共同体。无论政治、娱乐还是科学，无一领域不是如此。我们用传说代替真相。

智力的定义

初次邂逅时，我们依据某些个人特质形成对他人的第一印象：他们的天资、技能、美貌以及智慧。我们或许还了解他们的背景和成长脉络：教养如何，曾受惠于何人，家庭与工作环境等等。但最初引起我们注意的还是个人特质，那些在人际交往中显露出来的素养。对个人所在社群以及生活环境的关注都是后见之明。第一印象才最引人注意，有关其个人脉络的进一步了解仅是对既成印象的小修小补而已。

想象你正在面试一个应聘者。你知道她毕业时成绩全班第一。你会推想这是她严苛的父母让她学习如此刻苦吗？你会猜测她同辈中有人品学兼优，帮助且激励着她吗？你或许会试着了解这些细节，但是大多数人都只是归结为她很聪明而已。因为能力出众，她在面试中表现得出类拔萃，但我们将其直接下结论为她很聪明。这一点都不奇怪。结论是显而易见的。她必定拥有某些智慧才能做得如此出色。但在本章中，我们接下来要讨论的是，以上并非故事的全部。重大成就所需要的远比个人才智要多得多。

我们所说的智力究竟所指为何？不难想出几个好例子。爱因斯坦是相当有才智的。我们有时也认同，身处智力梯队底端的人（你最讨厌的那些政客大都可以归于此列）会有些失常。但我们说起智力的时候，真的知道自己在说什么吗，或者当我们讨论智力的时候是否也受到解释性深度错觉的影响？一旦把这个问题摆出来，我们是否也发现其实自己对智力了解得并不多？

智力理论倾向于把智力分解成几个部分。不幸的是，智力的拆分方法几乎没有一致的定论。流体智力与晶体智力是一种普遍且相对传统的区分方法。[8] 流体智力对应的是我们用“聪明”形容某人的情形。此人对任何问题都能快速得出结论，也擅长探索新事物。晶体智力则指的是一个人的记忆体能存储和处理多少信息。这包括此人的词汇量以及他所知道的常识多少。

智力也可以依据它所包含之技能进行分类。一种理论把智力拆分为三项独立的技能：语言能力、准确且迅速感知世界的能力和空间想象能力。[9] 另一个理论则更进一步，认为智力有8个不同的维度：语言、数理逻辑、空间、音乐、认知与适应自然、肢体运动、人际关系和内省。[10] 一名研究者从实用的角度出发，认为智力反映了人们制定并达成其目标的能力。这个理论中设定的基本技能涵盖了创新能力、分析能力、实践能力，以及通过注入积极的价值观，有助于实现公共利益的能力。[11]

理论学家依照不同的方法把智力拆分为一系列技能，而这种争论也在持续进行着。心理学家对智力的研究已逾百年，却始终未找到一个表征它的统一办法。把智力看作人类思维深刻而永久的属性不是个好兆头。试图辨别出个体的基本认知技能或许并不是理解人类心智的最有效途径。

智力测验简史

心理学家喜欢以可测量的方式，即能够在现实世界中找到对应行为的方式来定义各种心理学概念。心理学家青睐那些基于真实人类行为，有客观明确定义的概念。[12]这也就是为什么弗洛伊德有关本我和超我的学说不怎么受欢迎。因为它们无法在现实世界中被准确衡量。智力则不然，智力是可以被测量的。在现代心理学中，一个人的智力完全等同于此人在智力测验中的表现。对人们进行测试，给他们的表现打分，然后用测验分数确定其智力水平。

但是，该用哪一种呢？各种智力测验确实琳琅满目，但如果我们真的要用测验来衡量智力的话，选择哪种测验就非常关键了。1904年，首个现代智力测验由阿尔弗雷德·比奈（Alfred Binet）和他的学生提奥多·西蒙（Theodore Simon）开发。[13]他们让儿童完成30个难度逐渐递增的任务，最开始的一项是让他们按照简要的指导语依序回忆出7个数字。

这种开发测验的思路听起来实在不怎么靠谱。倘若没有一个明确的智力定义作为指导，那么我们只不过是用一个测验将人们依分数排名而已。我们目前还真就是这么干的。在心理学界，有关智力的研究等同于如何根据某些认知能力将个体分成不同等级。比奈试图找出那些需要被辅导的后进生。但这不意味着我们可以随心所欲，而是应该根据预测性来选择用哪种测验。心理学家是实用主义者，他们正在寻找预测孰胜孰败的方法。猎头、人力资源部门、研究生院和常春藤盟校招生办公室希望挑选到智力最顶尖的那群人。通过对成功与否最准确的预测能最有效地遴选出这些佼佼者的，就是最好的测验。

当心理学家试图开发最好的测验时，他们的发现是相当惊人的。事实上，只要你在足够广泛的维度上测量心理能力的表现，选用哪种测验其实没什么差别。你将会得到相同的结果，至少非常相似，无论你用什么类型的任务来评测受试者的表现。这是因为所有的认知测验都是正相关的，该事实于 1904 年由查尔斯·斯皮尔曼（Charles Spearman）提出，这一工作是开创性的。[14] 无论你是要求人们解出高难度的数学题，还是评测他们读懂维吉尔的《埃涅阿斯纪》（*Aeneid*）的能力，抑或测试他们当看到灯亮时能以多快的速度按下按钮（反应时间），只要任务涉及注意力和思考力，其表现都会呈现一个微小但正向的相关。也就是说，在某一任务上表现出色的人干其他事情基本也不会失手，而对表现平平者来说，往往就事事不顺了。所有测验之间都具有相关性这一事实说明它们必定有什么共同点，即一种能把佼佼者和平凡人区分开来的机制。斯皮尔曼称其为“共性一般智力”。

真正让斯皮尔曼一举成名的是，他运用因素分析设计了一套凭个人测验结果来评定其智力分数的复杂数学方法。因素分析取用每个人在每项测验当中的得分，找出了所有测验都共同具有的基本维度。在这一维度上，你的得分即代表了你的智力水平。

由因素分析揭示的这一基本维度被称为“g 因素”，你猜得没错，就是“一般智力”的意思。心理学家对此爱不释手，因为它能满足他们对计量测验的向往。你只需对人们施以一系列测试，然后用因素分析给出智力分数即可。因此，g 因素是一种统计上的建构。它不仅仅是你在一个智力测验当中的表现，但也差不太多。它呈现了你的一系列测验表现相对于他人而言所处的水平。其优势在于，只要它们有鉴别力且涵盖的思维类型足够广泛（空间的、语言的、数学的、类比的、简单的、复杂的），任何一组测验随你挑。心理学家偏爱 g 因素，因为它基于人的表现，能有效地预测多种重要的个人素养和潜力。g 因素得分较高者在学业和工作中都有较好的表现。部分研究显示，g 因素是职业成就最佳的预测因子。[15]一篇整合了 127 项研究，共计超过两万个样本数据的报告指出 g 因素与数项工作成就都正相关。[16]

不仅如此，小规模样本研究还想探求智力是否与实际生活中技巧性的认知表现有关。20 世纪 80 年代的一项有关赌马的研究同时对专业与非专业人士进行测试，其中有些受试者涉足赛马业已有 20 多年。该研究也包括一份智商测验，即最常见的测量 g 因素的手段。然而，这项研究发现，获知某人的智商对预测他在一系列比赛中选取最佳马匹的能力并无助益。赌马者决策过程的复杂性甚至与其智商都没有半点联系。[17]

然而 g 因素可用于预测人们在实际生活中表现的结论并不会因这样的例外而受到质疑。尽管如此，还是要小心为上。关键在于，千万不要高估任何人的智力分数。别忘了，在一系列测验当中的得分会受到多重因素的影响。它反映了你对问题的理解的深浅，你的自信程度，你那天喝了几杯咖啡，男朋友是否离你而去，以及数不尽的随机事件。此外，一个人的价值，比如关心他人的能力（或者对公司垒球队的贡献）远不是单凭一组测试就能衡量的。

然而，对那些想按甲乙丙丁将人排序者，g 因素可谓黄金标准。它是现有方法当中预测思维能力方面谁将胜出的利器。

集体智力测评

坊间对 g 因素深信不疑。尽管已有足够的证据显示对 g 因素，那些思维能力上可被测量的差异，并没有明确的界定。g 因素确实有助于学业与工作成就的预测，但在智力以及所测量的建构为何等方面仍有许多问题亟待解答。或许这是因为我们有关智力的思路一直都是错的。最初的构想是，智力乃对某人思维马力的测量，而测量智力则是一种把人们的思维引擎按大小排序的方法。

意识到知识处于一个共同体当中，让我们可以从不同的角度对智力进行建构。不同于把智力视作一种个人特质，它可以被理解为个人对共同体的贡献多寡。假如思考是一种存在于团体中，涉及团队合作的社会行为，那么智力则属于团体而非个人。在本节中，我们将讨论评测智力的最佳方法是衡量个人在团体成就中的贡献这一观点。个人效力于团队，此时团队才是最重要的，因为是团队在完成任务。一个人的智力取决于他在团队中的重要程度。

从这个角度来说，智力不再是某个人思考和解决问题的能力，而是这个人在其所处团体相应活动过程中的贡献。此举涉及的内容远多于强大的记忆力或快速的执行力之类个人信息处理能力。它还将包括理解他人观点的能力，高效轮班的能力，情绪反应能力，以及倾听能力。当从知识共同体的角度进行建构时，智力变得更加包罗万象。人们可以以多种不同的方式对共同体做出贡献：有人提供创意和洞见，有人长期任劳任怨地辛勤工作，还有人成为雄辩家或领导者。

于是，一个高效运作的团体无须人人都 g 分数奇高，而是需要人们在不同技能上的平衡。无论当前的任务为何，是狩猎觅食、搭建房屋，还是为一艘船引航，都包含不同的要件，要求不同的技能。只要你有一个全能型的团队，其表现都将所向无敌。当人们合作时，这些技能更容易得到发挥。成员间技能互补的团队最有可能满足认知劳动分化的所有需求。因此，当你为团队挑选成员时，个人能力对团体的贡献远比他或她的 g 分数重要得多。我们需要评估的是团队合作，而非把每个人单独关在一间屋子里测量他们的智力。

让我们通过类比来思考这个问题。一个贯穿本书的论点是，我们应当把心智看作一种认知劳动的分化：头脑归整个共同体，而非个人所有，不同的人扮演着不同的角色为整体生产出效力。这就像组成一辆汽车的不同组件都参与到运输劳动的分工当中一样，每个零件都有它的用处，而当它们组装在一起时，汽车就能开动了。代入到这个例子中，测量个人智力就好像在评估单个零件的品质。我们可以对每个组件都进行一套复杂精密的测试：逐一称重、评估其强度、老化程度、光泽度以及售价。我们的确可以这样做，而且我们也真心希望每个组件的质量与功能具有相对较高的正相关。也就是说，相比于次品，优品由质量更高的材料做成，它们可能会更轻巧、更结实、更新、更有光泽，当然也更贵。和智力一样，每项测试的结果都应与其他测试同增同减。评估汽车零件的质量固然是有意义的。但难道不该测量那些我们最关心的东西吗？对一辆汽车而言我们最在意的想必就是它的性能了，比如速度、里程数以及可靠性。至于单个组件的性能，我们就没那么关心了。我们想要上等零件，不是因为它们本身品质绝佳，而是因为有了它们，才更有可能打造一款更好的汽车。

有时，单个组件在部分测试上会有所偏差，这都在意料之中。最好的轮胎不一定是最耀眼的，轮毂也不是越贵越好（当然这取决于你拿轮毂来干什么）。好的保险丝不应该太结实，收音机也不总是越轻巧越高档。因此，关于什么是好的，这一系列测试给出了提示：总的来说，你希望汽车的各个组件都为你的预期服务。但它也仅仅是个提示而已：最好的零件也有事与愿违的时候。这是因为，这些测试并没有直接测量你所关心的东西。你想知道的是这辆车跑起来怎么样。你希望零件能对汽车的行驶有用，而非自顾自地各行其是。

让我们将上述情况套用在集体工作的人类身上：对绝大多数工作而言，你都需要能发挥不同作用的人。想经营一家公司，小心谨慎和敢于冒险的人都不可或缺，既要有对数字敏感的人也要有善交际的人。和客户打交道的业务员要是也精于计算可能反而是个麻烦，客户可不希望因为跟不上销售员的算盘而丢了面子。

由于大多数情况下我们都在团队中共事，我们最关心的是完成任务的整体实力。无论医疗团队、工程团队、研究团队，还是设计团队，其最终成果都是整体所为，而非凭一己之力。而且，一切都仅凭最终成果说话。因此，我们真正需要的是评估团队的整体表现，而非测量个人智力。泰伯商学院教授安妮塔·伍利（Anita Woolley）所带领的团队即提供了这样一个测试。[18] 他们对 40 个由三人组成的团队施以各种测验，包括头脑风暴尽可能多地想出砖块的用法，这是一项被称为瑞文高级图形推理测验的空间推理任务，常作智力快速评测之用，包括一道道德推论题，一项为旅行计划的采买工作及一项团体性的打字任务。每项任务都由三人团队协力完成。

我们知道单人作业时，任一认知测验的表现之间都呈正相关。集体智力假设这种类似的相关性也存在于团队合作中：所有团队作业的表现都有相关性，且也有一个类似的 g 因素（研究人员称其为 c 因素，即集体智力）可通过对团体表现的分析被提取出来。他们真的找到了。尽管某些相关性非常微弱，但各项任务的表现之间都呈正相关，意即一个团队在某项任务上表现出色，也会在其他工作上成绩斐然。于是，c 因素横空出世。

伍利的研究团队还推测，相比于个人智力分数，c 因素将会更好地预测出后续其他不同类型团队作业的表现。换句话说，他们验证“集体智力将大于各个部分之和”这一假设。他们验证假设的方法是，交给每支团队一个不相关的任务（如计算机跳棋），看看c因素是否能更好地预测出团队在和电脑交战中的表现。确实如此。c因素相当有效地预示了这组人下棋的表现，而个人智力分数则毫无用武之地。想知道一个团队的表现，你得从团队层面着眼。个人智力分数此时就显得捉襟见肘了。以此类推，假如你雇用一队人来翻修厨房，宁可找一群能彼此配合的半吊子工人，也不要请来一堆各自为政的能工巧匠，精于各自的手艺倒是不假，可最后连橱柜都对不齐。

现在，我们用评定团体智力的c因素取代了测量个人智力的g因素，整体而言：证据表明c因素更符合现实，测量结果也更加可靠，但让我们回到最初有关智力的大诘问：我们到底在测量什么？高效和无能团队的区别究竟是什么，是什么帮我们预测出他们在团体作业中的表现？

伍利和她的同事们为解答这个问题抛砖引玉。他们对每支团队都进行一些附加测评，并发现团队凝聚力、动机和满意度等指标都无法预测团队的表现，而其他如社会敏感性、工作轮替频率以及团体中女性的比例等因素则可以预测。数据表明，女性比例高对一个团体是有益的，因为这提升了团队的社会敏感性（每个去过男更衣室的人都能心领神会）。

测量集体智力是个新点子，尚存有很多硬伤。尽管社会敏感性等概念对于团体的运作十分重要，但这些还不是故事的全部。团体动力是什么，以及它是怎么增进社会敏感性的？为什么大家要一起下棋？除了听取团队成员的意见，你得想出漂亮的走法，而且整组人还要对最好的策略达成共识。还有许多其他理论都旨在解释造就团队优异表现的因素为何，而c因素的测量对象至今尚无定论。[19]但是，既有的数据已表明团体的成功并非由个别成员的智力所主导，而是取决于成员之间合作得怎么样。

群智及其影响

智力的概念造成了难以理解的困惑：我们把智能行动视作个人行为，即使共同体确实参与其中。我们对企业成功的理解体现了这种困惑。互联网创业者把众人引入歧途，他们宣扬一个信念：好点子很重要。公众普遍认为，创业成功的秘诀就是那个能俘虏市场并赚得百万美钞的好点子。从马克·扎克伯格（Mark Zuckerberg）创立的脸谱网到史蒂夫·乔布斯（Steve Jobs）的苹果帝国皆是如此。由于我们认为智力仅属于个人所有，便把想出这些好点子的功绩都归于个别英雄。据某些资助初创公司的风险投资家所言，根本不是这么回事儿。艾文·拉比海若（Avin Rabheru）就是其中之一，他说："风险投资人看重的是团队而非想法。"[20]

让我们来看看Y Combinator这家较早引领科技创新企业孵化行业的创投公司。其经营战略基于如下信条，成功的创业公司很少，如果有的话，扶持他们的最初想法。现在思路变了。因此，想法不再是最要紧的，远比一个点子的好坏更重要的是这支团队的水准。一支优秀的团队会创业成功，因为它能通过了解市场运作机制找出好想法，并付诸实践。一支出色的团队会利用成员所长对劳动进行分工。Y Combinator 避免向只有单一创始人的初创公司投资，不仅因为单一创始人意味着没有团队来进行劳动分工，也因为一个不那么明显却是团队合作基础的理由：单一创始人缺乏袍泽之情[21]，那种为了不让队友失望的信念。当遭遇困境时，团队反而会因为成员间的相互支持更加努力，他们是为了团队而坚持。

一旦你认同我们生活在一个知识共同体当中，显而易见地，大多数研究人员探寻智力定义的方向都错了。智力不是个人财产，它是一个团队的公共财产。一个解得了数学难题的人肯定能有所贡献，那么一个会管理团队动力的，或者记得住所有重要细节的人也可以。我们不能把某人独自关进小屋，给他或她一份试题来测量其智力，我们得评估此人所处团队的成就。

要怎么做呢？如何正确评定个人对团体成就的贡献呢？这个问题尚未受到广泛关注。为了开始寻找答案，让我们简化一下假设，无论身处什么样的团体，个体的贡献总是相差无几。一种方法是评测某人在多个不同团体中的个人贡献，这与冰球队用正负计分评价每个队员的表现有异曲同工之妙。其理论是，在冰球比赛中，一名优秀队员执球时，其所在球队将打进更多的球，其他队伍的得分也随之减少。因此，球员水平的指标就是正负计分，即该球员参与的比赛中，所在队伍的进球数与对手的得分之差。在团队中的思维贡献或许也可以用相似的手段来衡量。当某人参与其中时，团队的胜败比率如何？某个对团队成就做出实实在在贡献的人，在“智力”的正负计分上也理应拿个高分。这或许是在知识共同体的框架下，将集体智力细分、拆解为个人贡献的思路之一。

但这种思路很难付诸实践。团队的成败往往不像冰球比赛的比分那般清楚明了。创造出一个得奖却卖不出去的小产品究竟算是成功还是失败？另一个问题是，如果两人朝夕相伴，那么其中一人的成功也反映了其同伴的贡献（同理，某人可能被认为是社交达人，不过是因为他的伙伴们都善广交朋友而已）。

但是，原则仍未改变。一名项目执行人可能看上去聪明活跃，巧舌如簧，灵感迸发。但是，如果他参与的项目最终无果，那么此人可能也不会得到大笔奖金。当一位管理者考评员工时，重要的是千万别把耍小聪明和积极做出贡献搞混了。管理者应关注的是，该员工所参与的项目相对于其他人而言是否更有望成功。

农夫们都知道耕种最艰难的部分是筹备土地。播种，静观其成长则相对容易得多。在科学与实业中，大家一齐备好了土壤，但社会往往把所有的功劳都归在播下成功种子的个人身上。播种并不需要超越常人的智力，但创造一个能让种子蓬勃成长的环境则需要超出常人。在科学、政治、商业与日常生活的方方面面，我们都需要给予整个共同体更多的赞誉和信赖。

马丁·路德·金是一代伟人。但或许，他的最伟大之处是他鼓舞了人们一同努力，排除万难，去实现社会种族观念的变革与追求法律的公平正义。但若想真正理解他的成就，需要看到站在马丁·路德·金身后的人们。我们应当颂扬马丁·路德·金发挥的作用，而非把他视作一切伟大的化身。

第十一章

变得更聪明

20 世纪 80 年代，巴西城市地区的生活相当不易。恶性通货膨胀使得货币迅速贬值。[1] 年利率在 80%—2 000% 之间摆荡。仅一年之内，一杯咖啡的价格就能从一雷亚尔涨到 2 000 雷亚尔。可怜的巴西人为求生存，有太多不得已之事。许多贫困的城区儿童靠沿街叫卖为生，不能去上学。这些小孩子什么都卖，包括糖果、红橘还有炒麦花。这些孩子有多少知识？由于没机会上学，他们要是还能对巴西文学、世界地理和代数都信手拈来倒是奇怪了。但这些孩子在销售方面肯定相当有发言权。他们在进货、定价、保利和找零上经验丰富，上述活动都需要具备算术能力。而且，由于通货膨胀，要处理的交易数额也相当巨大。或许这些街头小卖家已经掌握了计算的基本知识？尽管缺乏学校教育，他们在算术方面说不定比上过学的孩子还要更胜一筹？

为了弄清楚这个问题，聪明的教育研究人员找到了一群 10—12 岁的街头小贩以及其他年龄相仿的就学儿童，他们所上的学校是这些街头小贩们如果有条件也都会去上的。他们对所有孩子都进行了一系列关于算术和数字的测试。[2]

他们的第一个发现对于那些试图教过小孩子数学的人来说都不会感到意外：两组孩子在基本技能，如大数值读数上，表现得都不怎么好。他们并没有真的理解各个数位上的数字究竟代表什么。他们所能做的是将数字进行比较。两组孩子都能说出一对数值中哪个更大一些。两组的差异体现在加减法的能力上。街头小贩组，完胜；就学儿童组，完败。甚至，街头小贩对比例的概念也比就学儿童好得太多。当谈及他们赖以维生的技能，事实证明，生活经验比正规教育有用得多（至少，就这些巴西穷苦孩子接受的正规教育而言）。

人们生来就是为了行动，而非听人教诲、摆弄符号、死记硬背一大堆东西。至少自 1938 年教育哲学家约翰·杜威（John Dewey）发出劝诫以来，这已是教育者们的共识：

> 固然小孩也应该有短时间的静思机会，但是这些机会能成为真正的思想的机会，只是在身体活动之后，用来组织由手和脑子以外之身体的其他部分在活动时所获得的东西。①

有经验的教师和学生都知道，单纯听听讲座，不经思考地摆弄摆弄符号，死记硬背一些东西并非最好的学习方法。活动在教学中是必需的。我们会去学习那些有助于达成目标的必要知识。如果你的目标是在街角换个零钱、谋些小利，你将学到这些行为所必需的算术知识。这并不代表课堂学习毫无用处。课堂上的代数教学对于那些想要在金融领域谋得高位，想证明数学定理，或想知道怎么把

① 杜威 . 经验与教育 [M]. 李培囿，译 . 南京：正中书局，1941.

火箭送上月球的人来说必定很有意义。

但课堂上讲授的大多数知识与学生们真正在意的目标是分离的。[4]学生们通常很难把他们学到的阅读、写作和算术同未来生活中的实际应用联系起来，因此，他们常常是为了学习而学习，而非为了行动而学习。这可能就是为什么教育者总是抱怨学生没有真正理解他们自己所读的东西。对这种一知半解感到震惊的往往是学生本人，他们觉得自己读得非常认真。让学生们感到惊讶的是，他们在理解测验上表现得多么糟糕。他们学习、学习、再学习，感觉已经理解得非常深入了，但他们还是无法答对有关阅读内容的基本问题。这种现象如此常见，以至有了一个专有名词“理解的错觉”[5]，不禁让人联想到深度错觉。

理解的错觉源于人们对熟悉和识别这两个概念的混淆。当你用眼睛扫过一遍文本，下次再读时，文本的内容的确看起来很熟悉。即便距离你上一次读它已经过了很久，这种熟悉感仍然存在。心理学家保罗·科勒斯（Paul Kolers）设置了一种极端情况，让受试者阅读字母反向的文本（每个字母都上下颠倒）。[6]一年多后，他发现相同的这群人阅读同一份文本时的速度仍然比读一篇从未见过的新文本的速度要快。他们有关阅读某些特定文字的记忆能够保留长达一年之久。

事实上，出现在学生们身上的问题也会发生在我们身上，正是这种熟悉感混淆了我们对阅读材料的真实理解。跟某些文字混个脸熟，甚或将其倒背如流是一码事儿，而真正了解这些文字的含义就又是另一回事儿了。许多美国学生都将《效忠宣誓》（*U.S. Pledge of*

Allegiance）背得滚瓜烂熟，却完全不知道自己在说什么。这就是为什么你经常会听到奇怪版本的《效忠宣誓》。原文是“上帝之下，未可分裂之国度（One nation, under God, indivisible）”，有些学生显然觉得自己的国家隐身了：“上帝之下，未可见之国度（One nation, under God, invisible）”；以及在某些其他版本中，美国宛如被超自然力量诅咒了一样：“代表女巫的共和国（the republic, for witches stand）”，而原文其实是“所代表之共和国（the republic for which it stands）”。每个摇滚乐手也都好奇为什么大家跟着吉米·亨德里克斯（Jimi Hendrix）[7]唱《紫雾》（*Purple Haze*）时，会唱成“原谅我，当我吻他的时候（scuze me while I kiss this guy）”。吉米究竟吻了几个人我们不得而知，但我们知道他唱的歌词其实是“当我亲吻天空的时候请原谅我（excuse me while I kiss the sky）”。即便已经记在脑中的文字也不一定是被理解的。

真正的理解要求以审慎的方式对文本予以细致、认真的处理。作者的意向也需要被考虑在内。显然，这并非对每个人来说都显而易见。把学习和消遣阅读搞混的学生不在少数。

因此，那个我们在前几章中得出的结论，即人们比其意识到的更肤浅，我们遭受着知识错觉之苦，扩展到教育领域也一样：学习需要通过更深入的信息处理来打破普遍存在的习惯。

发现你的未知

我们还是受知识错觉所扰，因为我们混淆了哪些是专家们知道的，哪些才是我们自己知道的。而事实上，从他人身上获取知识的权限让我们觉得对正在谈论之事尽在掌握。相似的现象也发生在课堂上：儿童也会出现理解的错觉，因为知识对于他们来说可谓触手可及、随需随拿。这些知识都在课本、老师和优秀的学生的脑袋里。人类不是为精通所有学科领域而生的，人类生来就能参与建设一个知识共同体（伟大的约翰·杜威多年前提出的又一个观点）。[8]

如果我们参与知识共同体的方式是在认知劳动分工中贡献一己之力，那就必须避免错误地把教育的目的设置为向一个个独立的思考者传授知识和技能。[9]一种想法是，我们上学是为了学习那些前人已替我们发现的知识；这种教育的目的是提高人们的个体智力。例如，如果我希望成为一名汽修工人，我想自己应该去学有关怎么修车的课程。一旦学成归来，我期待自己能够修车了。我可能还需要一些辅助，像是工具、零件以及一间车库，但在其他方面我应该都能上手了。如果我想当一名历史学家，那么我假定自己应该去学一大堆历史知识，包括事件、趋势还有年表，而且我至少应该表现出能够回答有关过去的问题的样子。如果我想当一名科学家，我就该去学校，学习所属领域的理论和数据资料。当从学校毕业时，我理应能够探索新事物、提出新颖且先进的理论，能把我学到的传授给他人，或许还能将自己所学应用在制造更好的工具上。

这种认为教育是为了增进个体智力的观点不完全正确，因为它立足于另一套存在问题的假设上：教育的目的是扩展你个人的知识和提高个人技能；不管你所学领域为何，一系列的概念都应随着教育而更新和进步；接受教育之后，你所产出的知识应该比你当初学到的更加准确，而且你所能做的应该远不止于此。

这些说法并不是错的，但相当不完整。教育应增进个人智力的观点只是对学习的一种狭隘理解。它忽略了那些来自他人的知识。要修理汽车，机械师得了解谁是零件供应商，谁负责运输，怎么获知，如何确定哪些车被召回了，以及车辆最前沿的设计创新。今天，汽车所用到的技术来自世界各地。一名合格的汽修工人所接触到的信息遍布于整个汽车行业的知识共同体当中。因此，学习不仅仅是发展新知识和新技能，还包括学会与他人合作，意识到哪些知识是我们必须贡献的，而又有哪些空白是要仰赖他人帮我们填补的。

想象你正在学习西班牙的历史。只了解西班牙境内发生的事件还远远不够，你必须涉猎的还有罗马帝国、十字军以及摩尔族人的历史等许多相关知识。西班牙史本身所处的背景也是这段历史的一部分。你无须知道太多细节，你也做不到，因为实在太多了，但你至少要对西班牙的历史背景有个提纲挈领的理解。当你具备纲要式的理解后，就会知道哪些信息是可用的，以及从何处可以获取这些信息。如此你将能够利用知识共同体。

真正的教育包括让你明白有些特定的知识（这样的知识恐怕不在少数）是你不知道的。懂得留意你的未知，而不是盯着已知的部分。要想做到这一点，你必须放下一些傲慢身段，接受你对自己的未知一无所知这一点。找出你的未知，不过就是个关于你的知识边界在哪里，以及探求边界之外有什么的问题。寻找原因才是重点。学习的过程不是理出西班牙发生了什么历史事件，而是看看同时代的其他国家怎样影响着西班牙的历史。西班牙长期分裂不是你要学习的内容，你要学的是那些你不知道的，比如为什么会发生长期分裂。

身为个人，我们所知甚少，而且对此无能为力。因为要了解的东西实在是太多了。显然，我们可以学习一些事实、理论，我们也可以发展某些技能。但我们还必须学会如何利用他人的知识和技能。事实上，这才是成功的关键，因为我们能获取的绝大多数知识和技能都储存在他人身上。在知识共同体中，个人就像一幅拼图中的一小片。锁定自己这一片的位置不仅需要明确你知道什么，还得了解你的未知。找出你在共同体中的位置也需要超越你的知识本身，你的未知暗示着你的已知。

知识共同体与科学教育

了解未知的重要性并非我们的首创。这个想法已然获得了部分科学教育者的关注。哥伦比亚大学自 2006 年以来开设了一门名为“无知”的课程。[10] 在课堂中会邀请科学家来说说他们的未知。来自不同学科背景的学者讨论“他们想知道的东西，他们认为至关重要必须要知道的东西，如何才能获知，一旦真的获知了会怎么样，如果不知道又会怎么样”这类问题。这门课的重点不在于教科书中的内容，而在于引导学生思考他们的未知以及他们可以去学习、了解的东西。这个想法的关键不在于学生本人的未知，而是整个科学界的未知，旨在激发和引导学生提出有关科学领域边界的疑问。这门课程不仅要求学生思考某些科学理论与相关数据，他们还要着手确定整个共同体的已知和未知。

了解某人之未知的一个好办法，就是通过从事某个学科的实际工作来了解这个学科。科学家工作在其所属领域的前沿。他们的工作就是把未知变成已知。因此，学着怎么当一名科学家就意味着要找出哪些东西是未知的。代表不同学科领域的学会组织都倡导这种科学教育方法。美国社会研究理事会[11]主张历史的学习应该像历史学家研究历史那样。美国国家研究理事会[12]提倡一种被称为“科学的本质”[13]的科学教育哲学[14]：科学教育应该反映真实的科学；学生应当以符合科学研究实际的方式学习科学。然而，说总比做要容易得多。美国国家研究理事会的建议基本上被忽略了。当今主流科学期刊——恰如其名《科学》——主编指出，即便在大学程度的基础科学课程中，事实类的记忆远远超过实践类的操作。这个问题在小学和中学阶段甚至更加突出。“科学的文字变得臃肿、肤浅，而且互不相关”，据教育理论家戴维·珀金斯（David Perkins）[15]所言，部分原因是每个人心中都有一套标准：形形色色的利益集团和学者都坚持他们最感兴趣的东西应该被反复强调。为了迎合众人口味，教科书变成只会呈现事实的流水账，有想法没灵魂，没有任何对学理的深刻整合，所以，最终谁也不会感到满意。

让我们再回到科学这个本书作者自称通晓一二的领域。现实中，科学是怎么被研究的呢？事实上，科学家并不是整天待在实验室里忙于解开自然界的秘密。科学研究是由一个共同体来完成的。其中涉及认知劳动的分化：不同的科学家在其领域各有专精，而科学知识散布于整个科学家群体当中。这种分化不仅意味着每位科学家都各有所长，且知识的总和取决于每个成员。认知劳动的分化是一种永恒的存在，这个共同体吸收了科学家所做的一切。科学家使用的每一项技术，呼吁的每一条理论，提出的每一个想法都在共同体中成为可能。

想象你是一位当代分子生物学家，想要知道植物是怎么繁殖的：分别来自植物妈妈和植物爸爸的DNA是怎么结合在一起，一遍一遍地复制长出植物宝宝的。你读到一项有关转运RNA（核糖核酸）分子的新发现。在你采信这个说法之前，你会先重复验证这个发现吗？极少有人这样做。如果你真的这么干了，你将用尽所有的时间和资源来再现他人的研究。相反地，你干脆直接相信它（同时也要保证头脑清醒，说不定你读到的研究出错了呢）。与此相似，如果你新学到一个分析数据的进阶方法，你不太可能自己进行推导，检查每一个证明步骤或校验每一个近似值。重写一本曾被写过的书要花掉更多的时间。当共同体向你推荐某种方法时，通常情况下，跟着做就行了。

科学就是在做证明，能得到证明的结论才会被发布。证明有多种形式。其一是通过直接观察（在显微镜下，我们能够亲眼看到受精时父母亲的染色体配对的过程）。另一种证明形式是推理（“遗传学之父”格雷戈尔·孟德尔通过观察性状如何从亲代遗传给子代推理出染色体的存在）。

然而，大多数科学结论既非来自观察，也非基于推理。相反地，它们源自权威，那些写在课本、期刊里的以及专家朋友告诉你的都是权威。[16]知识共同体的智能之一即在于此，对事实直接给出证明将会耗费太多时间，付出太大代价或者相当困难。知识当中的绝大多数细节都需要由知识共同体帮我们填补。每个人的理解，无论你是不是科学家，都仰仗着他人的知识，因此，对学生来说，比亲自学习这些事实和证明它们更重要的是了解哪些是已经被探索过的，哪些是可以被他人证明的。分子生物学实验室只有利用那些研究者或许还未完全领会但已被分子生物学界普遍接受的工具和方法，才能取得研究进展。由于大多数知识并不在研究者自己脑中，就像我们常人一样，科学家也选择直接相信前人的成果。我们驾驶汽车，却对这项不可思议的技术知之甚少；我们点亮灯光，却并不完全了解开关的工作原理（现在我们使用的开关装置远比你以为的要复杂精妙得多）。科学家所谓的真理大多数都可以归结为信念问题，这个信念并非什么至高无上的存在，而是相不相信别人说的真理。与宗教信仰不同，这种信念可以诉诸一种更高的力量，即验证的力量。科学的宣称结果是可以被检验的。一旦科学家宣布了虚假的结果，或出了差错，最终很可能被识破，因为如果这项研究议题足够重要，总会有人去尝试重复实验却发现结果无法再现。

科学家当然在乎真理，但在他们日复一日的生活中，寻求真理远不如知识共同体带来的社会生活重要。作为一名研究人员，简·多伊（Jane Doe）的成功与她在实验室的重大发现只有间接联系。她将会凭此得到哈佛大学的教职，并且，只有这些引人注目的研究结果能够顺利发表，她才能留在哈佛。因此，她的主要工作就是去说服别人相信她的研究有多么重要，这份工作事实上就是如此。要想获得发表机会，她必须写出论文，得到评审和编辑的认可，印在高水准的期刊上。通过这种方式，科学家之间长期相互评价研究成果，无论你承认与否，评价是一种社会行为。

科学家还必须争取资金和其他资源来展开研究，向学生和助手支付薪酬，以及到处参加研讨会和论坛之类的学会活动。资源的提供者包括政府机构、基金会和其他组织。某些决定资源配给的人自己也是科学家（此外还包括政客和商业人士）。所以，这些人也是被说服的对象，让他们相信资助一名科学家将对更大的群体（或资助者个人）有益。这乃是科学家依靠共同体的另一种体现。

因此，如果你相信科学教育应该反映科学本身，那么就要培养人们对他人知识的信赖。这将有助于培养出能与周遭环境和睦相处的成熟个体。其重要性也出于某些法律上的理由。个人，甚至是作为非科学家的普通人，都得对过失负责，即便科学知识理应预见到这些损害的发生。我们小时候，听说过一个家伙用白色清洁粉冒充可卡因倒卖。尽管那时年纪尚小，我们也意识到了这种行为不仅违法而且邪恶至极。我们当时对生物化学一无所知，但也足以明白任何理智的人都想得到把清洁剂吸入鼻子将可能导致致命的后果（或者更糟）。与此类似，小孩子知不知道往下水道排放机油对环境有害呢，他们知道。无知不是借口。我们需要科学家的协助来了解某些行为的特定后果，但我们也得为这些后果负责，即使我们不是科学家。从这个角度来讲，我们得依靠科学家保证自己的日常活动合理合法。在生活的方方面面，知识是相依共生的。我要担负的法律责任我自己都不一定知道。

今日，知识的共生性前所未有的重要。交叉学科已在众多科学领域中如此普遍，其涵盖范围之广，使掌握做研究所需的全部知识变得不可能。科学家比以往任何时候都更仰赖他人来开展研究。我们所研究的认知领域提供了一个完美的例证。近来，认知科学的许多创新都依托于众多不同领域的成果。正如我们先前提到的，计算机科学长期以来在认知科学当中扮演着重要角色。许多认知科学家正在利用神经科学发展出的方法。物理学对研发脑功能测量设备做出了重要贡献，并且还为信息的习得和流动提供了精妙的数学模型。本书呈现的观点是认知科学家从人类学、文化与社会心理学当中汲取、同化的产物。我们也希望借此展现信息流的另一个方向：在此讨论的观点正被来自其他众多领域的人阅读和吸收。

共同体趋向于更大更多样化的指标之一，即期刊文章作者的平均人数不仅所有增加，而且增量惊人。医学文献资料库是一个包含生物医学领域已发表的上百万文章的数据库。每篇文章的作者平均数已经从 1950 年的 1.5 人增长到 2014 年的约 5.5 人，增长了近三倍。[17] 这意味着，当今发表一篇论文需要一个平均由约 6 名科学家组成的共同体完成。像许多其他学科一样，科学共同体也是团体作业。

科学教育不止教授科学理论和事实。它还需要让学生们注意到他们知识的局限性，并学会如何通过共同体的合作来填补空白。这意味着得去了解谁的说法值得信任以及哪里能找到货真价实的专业知识。当某人提出一项科学发现时，我们该相信他吗？对每个人而言这都是个重要的问题，无论对科学家还是普通人来说都一样，因为遵从专家的建议总比相信我们自己更靠谱一些。[18] 如果你捡到一个蘑菇并决定要不要把它吃下去，你可遵循专业采菇的朋友提出的经验法则，比如，别碰阳伞形状的蘑菇，或者你可以请教一位专家。你真的该去问问专家的。而且如果是你的孩子要吃它，你就有责任必须请教专业人士了。许多情况下，获取专家意见是唯一理智的做法：当你搞不清皮肤上一个异常的小色块是什么的时候；当你车上的刹车片冒烟的时候；当你正考虑把一生的积蓄都花在购买一家激动人心的新公司股票上（或买下布鲁克林的一座桥）的时候；或者，当你正在琢磨着把健怡可乐和盐酸混在一起清理餐具上的铁锈的时候。

怎么确定你获得的建议是否出自一位专家之口？如果你了解这条宣称背后的科学原理，那你可就握有试金石了，能够直接对这种宣称做出评判。但通常情况下，你缺乏必要的知识。不过，你可以质问这条结论是否基于可再现的证据，或者它是不是你朋友的朋友的醒世恒言。它是发表在同行评审期刊上，还是刊载于《纽约时报》（*The New York Times*），或者街头小报？了解科学的本质，包括研究过程、学术造假、同侪审议机制，以及科学的变化和不确定性，都对获取评估科学宣称的能力至关重要。

此外，与科学有关的经济学也不容忽视。科学做得不好，谁会从中渔利？答案不仅仅是那些搬出一堆可疑的研究证据，自称其产品有奇效的营养保健品公司。人们通过多种渠道从科学中牟利。营利媒体大肆炒作（有关爱情的脑区至今尚未被确定）并总是过度简化某些科学论点。身处前沿领域的科学家们常常因媒体作品对其研究的断章取义而大失所望。鲜有新闻媒体能做出正确的报道，他们的宣传中总是犯一些莫名其妙的错误。因此，一线科学家在看待媒体对其研究的报道时，往往半信半疑，倾向于持保留态度。教育的目标之一应该是让身为非科学家的普通人也能用批判的眼光审视媒体报道。一旦有能力进行批判思考的观众够多，新闻机构或许也会合力追求报道内容准确无误。

教育的重点之一即判断某个结论是否可信，谁对它有发言权，以及这个人是否可信。做出上述任何一个评判都绝非易事，但受过教育的人理应做得更好。这不仅仅适用于科学，还包括我们所教授和学习的一切，无论是法律、历史、地理、文学、哲学，或任何其他领域。

学习共同体

以上这些对这课堂有什么影响？这说明我们应当把杜威的忠告铭记于心，教育的对象不是一个个独来独往的“人”[19]，我们教的是一群依靠这个世界来学习，通过互动来解决问题[20]、保留信息的人。

身为教育研究员的安·布朗（Ann Brown）拥有在数个机构中短暂但出色的从业经历，她从中找到了实现这种教学的办法。在一个被她称作营造学习者共同体的项目中，她聚焦于团队合作在学习中的重要性。在项目中，一个班级的小学生们拿到一个诸如“动物的生活”之类的话题。这个班级的学生被分成若干研究小组，每组都专注于这个话题中的一个部分。某一组可能侧重于研究动物的防御机制，另一组则关注捕食与被捕食关系或保护免受外界侵害的机制或生殖策略。每个研究小组都利用各种各样的资源，比如请教老师、采访专家、电脑以及书面材料，但最终都要为各自的研究成果负责。老师们仅略做引导。学生们的任务是全面掌握他们的课题，尽可能多地了解他们所负责的那部分内容。

这时，认知劳动分化起作用了：整个班级重新组成教学小组，其成员分别来自各个研究小组，每组一人。他们称之为拼图法，因为每位学生参与其中的角色宛如一块拼图。他们也确实在完成一幅拼图（谜题）。本例中的谜题是设计一种未来的动物。现在，每个学生都是他们在第一阶段查过资料、做过研究的课题的小专家了。如此一来，在第二阶段，每个教学小组都由一系列专家组成，谜题中每一个相关部分都一定能得到解决。

这项团队/重组团队策略暗含着一个知识共同体的模型。正如安·布朗所言：

> 专业知识的分配是有意而为之，但学生们在不同领域各有所长，这也是自然结果。学习和教学很大程度上有赖于创造、维系和扩展一个从事研究实践的共同体。共同体的成员之间相互依赖。没有谁孤身一人，没有谁无所不知，合作学习对生存而言是必需的。这种相依共生营造了共同承担责任、彼此尊重的氛围及一种个人与团体认同感。[21]

这种策略的成功不仅体现在出色的学习成果上——学生们设计出了有趣的动物，也体现在有关动物生活的教学上。参与拼图法的学生比只读阅读相同资料而未涉及研究活动的学生对所学内容了解和掌握得更多。参与研究小组让个人得以分享见解并传递给他人，以此来激发新想法。集体思考创造了一个更丰富多彩的智力环境，每个人的思维都可以沉浸其中。

上述结果着实令人赞叹，如果没有在56岁（1999年）就英年早逝，安·布朗或许将发展出更多方法。对她而言，这些成果的重要意义之一，是它们为课堂的多样性提供了论据。[22]涉猎更广泛的专业知识对学习与学业表现都助益良多。一个多样化的团体中集合了不同背景、类型、性别和种族的成员，能够拓宽知识的范围。

原则上，这种集体学习的策略没理由不被应用到小学课堂上。但对于高年级学生和成人则必须做些调试，至少我们会建议使用不同主题的拼图（谜题）。但是，先发展出一群专家，再将专精于不同方面的专家重组，这种基本思路总体来讲是适用的。试想一下，让大学生修习不同的基础科学课程，然后将他们分成小组，每组由修过不同科目的人组成。每组都拿到一个待解决的问题，比如节约用水或者设计一个更好的计算机接口。这样的小组可能比那些惯常依志同道合而自发组建的团队更具生产力和创造力。

除拼图法之外，多种集体学习策略经试验也获得了部分成功。它们常常伴以“同侪教育”[23]之类的标题出现，也包括同侪辅导、合作学习以及同侪协作等等。这些学习小组在空间与资源共享的情况下最有成效。这有助于注意力与协作力的共享。[24]其他学习理论也应得到善用。例如，我们知道，要求人们给出解释能够让他们学得更加深入、透彻[25]，因此这些可以放入学习策略当中。

让每个人什么都学是徒劳无效的。相反，我们应该发挥个人的优势，让人们展现出他们最好的一面。我们也应该重视那些能够促成与他人共事的技能，比如同理心和倾听的能力。同时，这也意味着要教授批判思考的能力，促进沟通和意见的交换，而非仅盯着事实本身。这是一种自由教育的价值观，与你为了获取职业技能而进行的学习截然相反。[26]

该教育策略不仅旨在让我们成为更称职的科学消费者，也让我们对任何一般性信息的接收都更加有效。在解读媒体报道时，我们都要心怀疑问。除了司空见惯的煽情和愚蠢的报道，更值得警惕的是，虚假信息的提供者往往还有更恶毒的企图。阿德里安·陈（Adrian Chen）在《纽约时报》上揭露了俄罗斯一家叫“巨魔农场”[27]的公司，该企业的员工被要求使用多个虚假身份，通过写博客、在社交媒体网站上发帖以及大批量地在新闻网站的评论区留言等方式，宣传支持克里姆林宫的观点和无根据的传言。令人悲伤的是，这类事件在政界和商界长期以来都层出不穷。市场营销机构只对其客户发布有关产品的正面反馈。上述文章的新颖之处在于，作者陈把这家公司，该互联网研究机构，与最近的几起谣言联系起来，包括 2014 年 9 月 11 日那场路易斯安那州圣玛丽郡从未真实发生过的化工厂爆炸。这场假爆炸通过多方消息迅速传播开来：短消息，其中一条被发给国土安全局局长；向新闻记者和政客发出的推文；最让人意想不到的是，美国有线电视新闻网网站的屏幕截图显示，全国都受其影响；在一则 YouTube 视频中，某人正在看电视报道说有“伊斯兰国”组织声称对该爆炸负责；当地电视新闻组织的镜像站点也行动起来；维基百科还建立了有关这场灾难的词条。所有这些都是编造出来的。幸运的是，我们日常接触的信息来源少有如此罪大恶极之流。但不可靠的信息源也够多了，我们应当提高警惕。

对他人的依赖让我们更容易被那些利用这一点而散布谣言的人所伤害。让学生具备科学素养，且更有能力把准确无误的论断从一大堆废话和噪声中分离出来，其意义比写出更好的教学策略论文更深远。

第十二章 做更聪明的决策

苏珊·伍德沃德（Susan Woodward）是一位金融经济学家，曾任美国证券交易委员会和美国住房与城市发展部的首席经济学者，长期致力于帮助人们做出更好的财务决策。

伍德沃德的职业生涯始于学术界，她在斯坦福大学、加州大学洛杉矶分校和罗切斯特大学分别都有金融学的从教经历。基于金融和经济的学术背景，她过去认为，消费者总体上获知了足够多的信息，且往往会做出对自身最有利的选择。当她进入从事公共服务的住宅与城市发展部，开始与普通消费者打交道后，这种观点也发生了变化。她考察了联邦住房管理局贷款利率，这是一种受政府支持的抵押贷款，之后她第一次意识到有什么东西不太对劲儿。这些贷款所提供的补助很类似，因此，对借方而言，利率不应有太大的差别，但事实上，差别很大。苏珊将这些差异归因于许多借款人对抵押贷款一事并不了解，而贷方正是利用了这一点。贷方似乎会评估借款人的知情程度，而对那些了解较少的人则会提供更糟糕的借贷条件。

由于在政府机构及私营部门的任职经历，她研究过诸如共同基金之类的其他金融产品。堆积如山的证据表明，人们对各类财务决策的了解相当有限。苏珊为我们总结了她的总体评价：“在证券交易委员会，我不仅仅参与焦点小组，而且参与那些重在调查消费者中有谁了解这些议题的研究，而结果是几乎没人了解。”

苏珊的观点获得了实验证据的支持。财务决策最关键的要素之一是评估储蓄额或债务额随时间的变化模式。我们今日所做之决定应取决于对未来之预期。我们现在开始存钱，是因为我们相信当将来需要钱的时候，这些储蓄会让我们生活无忧。我们坦然地通过抵押贷款买房买车，是因为我们预期能在一段合理的时间内付清余款。当变化模式简单时，人们对储蓄额或债务额之改变的预测相当在行。当事物以某种恒定的模式变化时，这种变化可以用一条直线来表示，我们称其为线性模式。假设你每月把 20 美元放在床垫底下，很容易预测出一年后你的床垫下面会有 240 美元（这 12 个月中，每月都有 20 美元的线性增长）。但财务往往是非线性的，在这种情况下，人们理解起来就不那么容易了。这会导致相当糟糕的决策。

储蓄行为是个极佳的例子。人们总是存不够钱，又行动得太迟。没有储蓄的原因有很多，而其中一个重要因素就是没有领悟到复利的威力。当一个储蓄账户开始赚取利息时，利息计入存款，储蓄也随之增加。于是大量的存款赚得了更多的利息，这又大大增加了储蓄。正因如此，储蓄的增长是非线性的。数年后，复利真的累计在一起了。但人们往往不明白这一点。相反，他们把储蓄视作一种线性变化。在一项由加州大学圣地亚哥分校的心理学者克雷格·麦肯齐（Craig McKenzie）[1]和美林财富管理的行为金融学现任主管迈克尔·利尔施（Michael Liersch）共同主持的研究中，他们要求受试者回答下面这个问题：

> 假设你每月向一个年利率10%的退休储蓄金账户存入400美元。（你从未从这个账户提现。）在10年、20年、30年以及40年后，你认为你的账户里会有多少钱（包括利息）。

你觉得答案是多少？受试者对40年后账户金额猜测值的中位数是22.3万美元。事实上，正确的答案接近250万美元。这就是复利的力量以及尽早并经常储蓄的价值。

这里还有另一个线性思维引发财务迷思的例子。你的信用卡有欠款吗？如果有，你可能每个月都会收到一份报表，且必须决定要付多少钱。报表上的其中一条信息就是最低支付额。这就是你得以在信用卡公司保持良好信誉而必须支付的最小额度。很多人都选择这一级别的付款。不妨花点儿时间想一下，若选择最小支付额，你得用多长时间才能付清欠款。

杜克大学管理学教授杰克·索尔（Jack Soll）与其同事主持的一项研究显示，由于对非线性问题本质的误解，你可能大大低估了还款所需要的时间。[2]试想有一万美元的欠款，年利率为12%，你决定每月还款110美元。你多久能还清债务？答案可能会让你大吃一惊：241个月，也就是20多年。为何要这么长时间呢？第一个月，110美元中包括了100美元的利息（总利息1 200美元的1/12）加10美元的本金。第二个月的计算方法也一样，但此时的本金略低了一些，利息相应也减少了。你的付款水平仅仅比利息高了一点点，这让还款期又被拖长了。随着你要支付的本金越发接近于 0，还款期也趋向于无穷无尽。随着还款额的增加，还款期也急剧缩短。如果你每月多付 10 美元，即月还款额 120 美元，很快，你在 5 年内就可以还清债务。

尽管 241 个月是一段相当长的时间，但它总比无限期要短。早在 2003 年，信用卡公司就获准设定最低还款额，而且想多低就多低。猜猜怎么样？许多人都选择最小还款额，有时候甚至连支付利息都不够。他们永远身陷债务之中。有时，欠款甚至还会增加！许多不了解非线性函数的善良人一定会被当月“定额”气得半死，而下个月又会收到一份一模一样的信用卡账单。

2003 年，美国立法要求信用卡公司设定的最低还款额必须使债务能在“一段合理的期限内”付清。各银行依不同规则来设定这个最小值。例如，美国大通银行保证最低还款额能支付利息加至少 1% 的本金。[3]

抵押贷款是另一种很难理解的非线性情况。抵押贷款通常是结构化的，以便每月的付款额保持一致，通常还款期为 15 年或 30 年。每个月都有一部分还款支付利息而另一部分支付本金。较长的还款期意味着较低的月付款，而每月支付本金的减少意味着下个月必须为剩余的本金支付更多利息。想象一下，你有一笔 25 万美元的抵押贷款，利率为 5%。如果你要在 15 年之内还清，最终，你付给银行的贷款总额将在 25 万—35 万美元之间，其中包括约 10.5 万美元的利息。如果你选择了 30 年期的抵押贷款，你付给银行的总额将达

48.3 万美元，其中含利息 23.3 万美元，是 15 年期的两倍之多。在现实中，区别可能会更大，因为你通常会凭更短的还款期限得到更优惠的利息条件。该差异之巨大令许多人惊讶不已，因为这也是一个非线性问题。许多身负债务的人对抵押贷款的机制了解得并不透彻。相反，他们倾向于单凭直觉做出选择，试图把每月还款额降到最低。

解释的朋友和敌人

理解是肤浅的，而且不仅仅表现在做财务决策的时候。人们在购买任何一种产品时都不关心其细节。试想你去商店买创可贴，看到货架的盒子上印着一个很棒的新广告。

泡沫填充物让伤口更快愈合。

你愿意为这些创可贴花更多的钱吗？也许会，但你可能会问：它们是怎么起作用的？如果给你一点点的说明，你或许会更加相信并愿意多付一点钱。事实证明，几乎人人都喜欢多获得一点说明。[4] 当我们在广告中加入下面的细节后，人们对这种创可贴越发青睐了。

泡沫加速了伤口周围的空气循环，由此达到灭菌效果。这使伤口愈合得更快。

告知泡沫的用处，这给人们一种得到因果解释的感觉。但这个解释实际上很肤浅，它没有告诉我们泡沫是如何加快空气流通的，也没说为何空气流通能杀死细菌。碰巧，大多数人并不想了解这些细节性的问题。我们试一下再多加一点说明来给出回答。

> 泡沫将填充物与伤口隔开，使空气流入。空气中的氧气会抑制大量细菌的代谢，并消灭它们，让伤口愈合得更快。

实际上，此时大多数人对产品的评价却降低了。过多的因果说明真的会让消费者丧失兴趣。

当我们进行决策时，绝大多数人都是“解释的敌人”。我们就像金发女郎：关于解释的细节存在一个最佳点，太多太少都不对。事实上，我们都知道总有那么几个人不在此列。他们试图先掌握所有细节，再做选择。他们会花上数日学习一切能找到的资料，弄懂新技术的全部来龙去脉。我们管这类人叫作“解释的朋友”。

“解释的敌人”和“解释的朋友”之间究竟有何差异？答案是我们已在第四章中讨论过的认知反射。在认知反射测试中，得高分者往往不会被诡计欺骗，因为反复斟酌自己的理解程度是他们与生俱来的禀赋。同样，认知反射程度高的人对所给出说明的满意阈值也会更高。如第一条广告语那样浅显的解释说明，以及第二条都无法满足他们的胃口。他们想知道的更多。但绝大多数人都是“解释的敌人”。他们早在得到第三条广告那样的说明之前就心满意足了。加入过多的细节只会让产品显得越发复杂难懂。谁知道细菌的代谢活动会和估量要不要买一小盒创可贴有关？有谁会在乎呢？

做“朋友”还是当“敌人”，哪个更好？这个问题并没有正确答案，两者都各有利弊。世界是复杂的，因此了解一切是不可能的。耗费大量的时间用于掌握无关紧要的细节，就像“解释的朋友”所做的那样，可能是在浪费时间。此外，即使某些人在其专业领域是“解释的朋友”，比如厨房用具、古董汽车或是音响设备，而当谈到他们不那么在意的东西时，他们又往往成为“解释的敌人”。

市场正是利用了“解释的敌人”对细节的厌恶。大多数广告都仰赖一些模棱两可、闪烁其词的理由。广告倾向于让受众聚焦于广告商希望观众联想到的某个人（例如一个相貌平平的建筑工人）或是观众眼中的某个角色模型①（一个色眯眯的大汉），并含糊其辞地说明该产品将如何改善你的生活，同时也发出免责声明。一支抗抑郁药物电视广告只用了5秒钟介绍临床上的药效证据，却花了55秒来表现药物可能出现的副作用，广告的背景是一个邻家女孩型的姑娘迎着阳光，探索着生活中微小的快乐。另一支广告仅仅提到这种药物是“有帮助的”，以及花了45秒对潜在副作用进行说明，画面又是女性重获新生的样子，虽然这次是中年妇女。即便如此，已经比那种只有一群性感年轻人欢笑玩闹的啤酒广告提供的信息多多了。

另一个极度依靠“解释的敌人”的行业是护肤品行业。[5]化妆品公司给那些装在小瓶子里的许诺能“修复你的DNA”或“让你年轻20岁”的乳膏标上不可思议的高价来赚取利润，而鲜有临床证据

① 角色模型是一种在市场营销过程中被创建出来的虚拟角色，用来代表各种不同类型的目标用户。该方法在网站设计和广告制作中获得广泛应用。——译者注

支持这些噱头。他们是怎么成功的呢？通过给出表面上看起来有凭有据、像模像样的伪科学行话。整个护肤品行业的涌现都离不开伪科学。“肌肤科学门诊”提供诸如高级影像设备及“肤色分析软件”之类的极具吸引力却毫无临床证据的技术。这全部都是护肤品公司的营销手段。

在某种程度上，我们面对误导性宣传和无力的解释说明时的脆弱是无法避免的。我们的许多决策都需要对世界运行机制的推理。我们得估计哪种饮食计划最有效，哪种轮胎最有利于雪地行车，或是哪种投资方案将能让我们退休后过得最好。世界的复杂程度令人生畏，因此，每个人所面对的决策范围太过广泛，以至任何个人都无法掌握所有的细节。假如我们每次想买一包创可贴的时候都不得不把细菌的代谢过程研究一番，很多人可能就干脆任由伤口化脓算了。所以，大多数情况下，我们只是随便拿一个看着还不错的，而且通常还都挺管用的创可贴。

信息不是越多越好

要帮助消费者脱离无知，第一反应自然是通过教育。其设想是，如果你教会他们所需要知道的东西，他们将做出更明智的决定。

这种用于改善人们财务决策的尝试已经不是一天两天了，因为它牵涉到我们一生中最重要的决定，比如买房、养老、上大学。考虑到我们社会中的财富总量，有这么多人的生活徘徊在财务破产边缘着实令人震惊不已。骇人的统计资料显示了许多美国家庭财务状况的脆弱性：只有 1/4 的美国家庭表示他们有信心在一个月内筹到 2 000 美元。[6] 一旦发生意外、生病或家里的顶梁柱被解雇了，会有什么结果？这里还有另一个更骇人的数据：美国中产家庭的积蓄在退休后只够三年的生活花费。[7] 显然，这也差得太远了。

为试图解决这个问题，各国政府及全球的游说团体已经在财务教育计划上投入了数十亿美元。但这些都无济于事。截至 2014 年，至少有 201 项研究分析了理财教育对培养积极理财行动的影响，如退休储蓄、准备应急基金、避免开空头支票以及按时为信用卡还款、提升信誉等等。这些教育项目几乎没有任何成效。即使稍微有那么一点点，在教育工作介入几个月后也消失了。[8] 这不禁让人想起我们在第八章中讨论过的，在缺失模型引导下增强科学素养的失败尝试。

我们认为上述努力的失败之处在于：它们将决策的重担全部放在个人身上。做决策的是个人，因此，个人必定要被教育去做正确的决策。一旦出了问题，受责备的也是个人。

然而，这和我们在整本书中看到的是同一种谬论。个人并不自己做决定，而是由别人来设计选项，另有一些人呈现这些选项，还有一些人提出建议。此外，人们有时还会效仿他人做过的决策（例如，股神沃伦·巴菲特决定买某一只股票，许多人都会追随他的脚步）。我们应当从集体性的角度来考虑做决策这件事。决策所需的知识不仅在个人的脑袋里，还在很大程度上仰赖着知识共同体。

误导性宣传和无力的解释说明也是知识共同体的产物，其得逞正是因为我们倾向于让别人替自己思考。仅提到共同体就常常让人们觉得自己已经了解得够多了，至少足以做出决策。因此，我们很容易被那些听上去不错，但未给出任何实质性优点的产品打动。如把“天然”和“有机”之类的词语放在那些与同类相比既不天然又不有机的产品上，可能会产生误导。类似地，在这个所有食品都标榜“不含麸质”的时代，“ 不含麸质”的标签甚至被贴在从来不曾含有麸质的食物上。而又有多少人知道“益生菌”是一种有益的膳食补充剂？

不了解知识共同体的作用可能导致相当微妙的结果。当人们置身于一个充斥着上百种复杂选择，专业术语印满小标签的市场中，他们可能会不知所措，并缴械投降。

不妨想想这个被称作“年金悖论”的经济学难题。这是一种被设定为保险政策的养老金。一次性付清后将确保你在余生中每月都收到一笔定额回款。回款的多少主要取决于你当初的支付额以及收益款的起始接收年龄。许多经济学家都认为年金是相当不错的投资方式，但很少有人购买。大量研究都试图解释为什么消费者对年金兴趣索然，其原因之一就是消费者并不了解它们。

在一项与科罗拉多大学合作的研究中，我们把年近退休的受试者请入实验室，并让他们在电脑上评估一份年金手册。我们用一台叫作眼动仪的设备追踪人们在阅读手册时眼睛盯在哪里。为了模拟日常生活中的干扰因素，电脑屏幕上也安排了其他各种内容的网页，我们想知道受试者的注意力从年金手册上移开的频率。一组受试者阅读了一份直接从一家大型金融服务公司拿来的手册。另一组读到的则是一个简化版本，我们通过提供较少的细节缩短了它的篇幅。

如果你看过标准的年金手册，或许能预测出我们的研究结论。这本手册很长（20 页），写满了专业术语以及大量令人生畏的数字信息。眼动追踪数据显示的结果不容乐观。你会看到，一开始，我们的受试者确实很努力地想要集中注意力。他们花了很长时间浏览手册的前几页，几乎不去看干扰性网页。但随着时间的推移，他们的注意力开始懈怠，接着完全瓦解。到手册的最后几页时，他们在每一页上几乎都没花什么时间，注意力也总是跳到那些网页上。阅读简化版的受试者的表现则好得多，但即使如此，集中注意力对他们而言也相当吃力。

很难将其归咎于这些人的懒惰或无知。他们是真的想要集中注意力并汲取信息，但注意力让他们大失所望。

这个想法远远超过了年金本身。最近，我们收到了一封前雇主的来信。在此节选部分予以展示。

> 您持有一项为期 5 年并由 ××× 公司转入的退休保险金。这意味着公司无权收回。在您未从事任何工作至少一年以后，账目将全数转出。转账将在不久之后发生。请注意，该股权涵盖了培训、限期就业以及正式入职后的年资，但其计算结果可能与您在 ××× 公司工作的实际年限不符。

此信后面的几段也是这种论调。你明白其中的含义吗？反正我们没弄明白。我们可以试着弄清楚，但是大多数人的做法则是：把它丢进垃圾桶，接着把注意力转到更迫在眉睫的事务上面。但愿对这封信的忽视不会酿成大错。

遇到此类法律术语，我们的因应方式反映出对知识共同体在决策中所扮演之角色的认识不足。此类信件都是由专家撰写的。这些专业人士以为但凡同行专家看得懂的，每个人必定都能够理解。这就是知识的诅咒。这也是身处知识共同体的后果——我们无法分清楚什么是自己知道的，什么在别人脑袋里。

最重要的是，大多数人不愿意了解细节。我们当中的绝大多数都是“解释的敌人”。我们总是对并不真正了解的事物心怀抗拒。有时，我们甚至都没有意识到自己在理解上是空白的。即使意识到了，我们也常常不情愿或不好意思向他人求助。

蜂巢经济

理财决策是阐明知识共同体的绝佳实例，因为金融资产的价值在根本上取决于整个社群。经济学复杂得吓人（这也就是为什么它被称为“沉闷的科学”）。大多数个人对此只有最粗浅的理解。然而，经济学依旧稳步前行，因为它们并非倚赖个体的理解力。一种经济制度能有效运行，是因为我们每个人都分担了一小部分。经济是说明蜂巢思维的绝好例子，一个复杂得难以置信的系统涉及许多个体心智的通力合作。这就是秘鲁经济学家埃尔南多·德·索托（Hernando de Soto）反复强调的经济支柱：“记住，对某些特定资产的排他权不是来自你自己的想法，而是由于在其他人心中的观点也支持你的这种专有权。这样的想法极度需要彼此，用以维护和掌控彼此的财产。”[9]

在第八章，我们讨论过人们对共同体的信念何其强大，强大到足以让聪明人都相信那些不可理喻的荒唐之事。但是这些信念的威力也是有限的。那些骇人听闻的流言并不会因为众人的笃信就成为事实。即使世界上人人都相信地球是平的，它也不会真的变平。而经济是个例外。

费是一种如巨型甜甜圈般的石灰石，生活在密克罗尼西亚联邦雅浦州一个小岛上的雅浦人用它作为流通货币。这种石头真的很大，直径可达20英尺，重数吨。有些石头大到即使货币的所有权发生变更，新主人也不会移动石头。石头仍然留在原来的地方，但大家都认同它新的所属权。在一则传闻中，一大块石头从独木舟上掉了出来，沉入海底。没人再见过那块石头，但它仍保持着原有的价值且继续被用于交易。雅浦人虽然看不到这块石头，但他们推测并认定它一直都在那里。

对西方人而言，这个故事简直匪夷所思。一块沉在海底的大石头怎么会有价值？但雅浦人的经济制度并非奇闻逸事。这大致就是经济的本质。上溯到20世纪30年代，我们的经济也是建立在一块块看不见的石头上。我们的石块是由金子而非石灰石构成的，它们被藏在诺克斯堡（美国国库黄金存放处）而不是海底，但相似之处还是显而易见的。

今日，我们不再使用金本位，但你口袋里的美元钞票能值那么多钱正是因为其他人也认同其价值。如果每个人都突然得了健忘症，不记得钞票所代表的含义，那美元的价值恐怕只剩烧火了，可能还不如柴火值钱呢。金钱的价值来自公众对其价值的信念，其价值取决于社会契约。别人可能会用某件东西，比如一根巧克力棒，交换你的一美元。而那人愿意这样做的唯一原因，就是他相信其他人也会拿其他东西换取这一美元。而那些第三方也愿意这样做同样是因为他们知道还有别人为会此而进行交易。金钱具有价值，是因为共同体通过交易意愿认定了它的价值。甚至，连金钱这样本质上非常个人化的东西也都是知识共同体的产物。

这不只是学术问题。经济的状况还取决人们的信念。在 17 世纪的荷兰，当人们相信能从郁金香球根上赚取暴利的时候，一棵球根的交易价格抵得上一个实业中产家庭一年的收入。而当人们不再相信这一切时，整个市场也土崩瓦解。多数经济泡沫都与此大同小异。在 2008 年金融危机爆发之前，房价曾一度飞涨，因为大家相信房地产价格会持续上涨，而他们也都想从中分一杯羹。让问题更加棘手的是，购房者利用如可调利率贷款之类的复杂手段来抵押买房，却无力偿还。抵押贷款可能是我们大多数人将会做出的最重要的财务决策，但如我们所见，绝大多数人连简单的抵押贷款都不了解，更别提那些闻所未闻的金融产品了。我们相信细节无关紧要，因为知识共同体一直都触手可及。当需要了解细节时，我们可以去找顾问咨询，市场也会筛选出最顶尖的金融产品，因为早已有人做了研究，法律条文也旨在保护我们这样的门外汉而非那些金融专家。知识共同体让我们觉得自己比想象中理解得更深刻，而且也让我们在做此类复杂决策时具备必要的信心。

正如经济取决于认知劳动分化，家庭也在财务理解方面做出了劳动分工。许多人在生活中几乎对金融信息视而不见。一项由得克萨斯大学的阿德里安·沃德主持的研究揭示了情侣们是如何在财务决策中进行分工的。沃德询问这些情侣交往了多久以及各自负担了多少理财决策。下一步，研究者用一系列有关金融常识的测试题评估了这些情侣的财务素养。不出所料，随着交往时间的增长，负责理财事务的那个人的财务素养也相应提高。可谓熟能生巧，实践出真知。比较令人惊讶的是，情侣当中不负责理财事务的那一方确实财务素养较低。显然，这就是“用进废退”的道理。沃德告诉我们，他在这项研究中最大的收获就在于，了解认知劳动分化如何影响人类的学习，进而造成我们在自己的角色上越陷越深。“对我来说，这项研究的关注点在于，对他人的依赖如何影响注意力，因而影响学习和知识的获取，进而影响决策和随之而来的各种后果……如果你在财务上一窍不通，却肩负着理财的责任，你会留意周遭与理财有关的事物，这让你渐有起色。如果你卸下理财的担子，恐怕连金融相关的信息都不会多看一眼。”

做决策是人生中无可避免之事，即使那些非常重要的决定，也常常是未经深思熟虑的草率之举。那么，我们该如何帮助人们做出更明智的选择呢？

推向更好的决策

芝加哥大学的经济学家理查德·塞勒（Richard Thaler）和哈佛

大学法律学者卡斯·桑斯坦（Cass Sunstein）提出了一种被他们称为“自由家长主义”的哲学。虽然这个名字又长又拗口，但概念本身却是简洁明了且令人信服的。其主要的发现是，人们并不总能做出最好的决定；他们并不总会选择更可能达成目标的选项。这样的例子比比皆是。我们会点一个大比萨而不是一大份沙拉，又在离开餐厅的时候懊悔不已。我们会去跟一个相貌迷人却毫无幽默感的人约会，于是这次连餐厅门还没出就开始后悔得捶胸顿足了。我们会买一条10年前能穿得上的裤子，因为我们还没准备好承认自己到底发福了多少。我们以为回家的路程很短，于是就找出一堆理由不叫出租车。还有，我们都认同器官捐赠并希望成为器官捐赠者，却从未花点时间在驾驶证背面签字，因此，即便某日不幸降临，也不会有人受惠于我们的器官。上述的每个例子中，人皆凡人：做出抉择或三思之后悔不当初。

自由家长主义者认为行为科学会成为一种良性推力，用以改善我们的决策。行为科学可被用于找出我们后悔并改变决策过程的原因，这样，我们在未来就会做出更好的决策。这种变化被称为“助推”。其理论是，行为科学可被用来推动那些更符合决策者实际期望的决策。就上面提及的暴饮暴食的例子而言，助推可以帮你改变点餐顺序，先选沙拉再决定是否要吃比萨。点餐顺序能够对人们的选择造成巨大影响，自助餐厅里摆在前面的食物会比稍后端上来的同类美味被取走得更多。[10] 助推在器官捐赠方面的应用则是将法律改成在默认情况下人人都是捐赠者。你可以选择不捐赠，但需要手动做出选择。最简单的方法就是变更制度，如此一来，不想当捐赠者，选择放弃捐赠的人需要在驾驶证后面签名，而不是要求想捐赠的人这样做。[11]这一简单改变带来了巨大的影响，器官捐赠者的数量急剧上升。让人们选择放弃而非选择加入，这使许多项目的参与人数都增加了。为了增加退休储蓄，美国劳工部鼓励小企业为其员工创设自动加入的退休金计划。[12]

从某种角度来说，助推是自由的，因为人们的选择能力并未被削减。没人拦着你吃一块大比萨或要求你选择是否捐赠器官。但在某种意义上，助推也是家长式的，因为选项的鼓励与否操纵在别人手里。有人把比萨放在自助餐取餐顺序靠后的位置，让你更可能选择吃沙拉。这种家长主义的主要论点是，无论以何种方式，反正都要做出抉择。自助餐厅里总得有什么东西摆在前面，为何不把最吸引人的食物摆在人们没有头脑发热、一时冲动，能静下来思考哪种食物是最佳选项的地方呢？

助推法给人的重大启示在于，改变环境比改变人本身更容易也更有效。而且，一旦弄清是哪些奇怪的认知驱使着我们行为，便可以设计环境来让这些怪癖为我所用，而不是深受其害。

我们可以将这项启示应用到我们如何作为知识共同体的一部分进行决策。我们得向那些“解释的敌人”致谢，因为我们通常没兴趣，甚至也没有能力掌握所有决策的细节。尽管一知半解，我们还是可以试着打造一个帮助自己做出更好决策的环境。

启示一：降低复杂度

由于大量的金融知识归共同体而非我们个人所有，我们需要从根本上降低对大众可接受复杂程度的期望。我们要让人们有机会去了解和评估产品，然后自己做出决定。这仅在他们有能力从决策环境中汲取信息的情况下才可以实现。在红迪网上，你会看到一个名为“5 岁小孩都听得懂”的讨论区。人们的提问常常是粒子物理或金融学之类的晦涩话题，讨论区的成员们试图提供深入浅出的解释。这个论坛的受欢迎程度表明，阅读那些我们确实能理解的阐释说明是件何等愉悦之事。它也凸显出，这些浅显易懂的阐述在我们日复一日的生活中是多么难得。

启示二：简单的决策法则

作为自由家长主义法的开创者之一，理查德·塞勒已经考虑了许多与金融有关的决策。他认为，力求让人们在金融问题上有更深刻的理解似乎是缘木求鱼。金融的世界太复杂，而人们的能力又太有限。他主张，与其试图教育大众，不如教给他们一些简单易懂却相当有用，且只需要一点点知识或学习就能掌握的法则[13]，比如“尽可能把钱投在 401(k) 退休福利计划上”，“把赚到的 15% 存起来”或者“如果你已经年过半百不如就选择 15 年期的抵押贷款”。

这是个极好的开端，但其实施过程中的挑战在于，人们难以持之以恒地遵循这些法则。试想一位 50 多岁的借贷人曾发誓要好好遵守塞勒法则，而他后来又看到一个似乎很令人心动的 30 年期抵押贷款合同，条件那么诱人，贷款经纪人还向他保证这是百年一遇的好机会。塞勒法则这时候很可能就被抛到九霄云外去了。

若能辅以一段简短、清晰的解释说明，让人们了解为何这些法则是有益的，决策法则可能会更加卓有成效。让人们从直觉上认清分散投资的益处、复利的威力，或其他基本的理财原则，或许更有可能引导他们正确地应用这些法则并坚持下去。

启示三：即时教育

这里还有一个想法。科罗拉多大学消费者金融决策研究中心主任小约翰 · G. 林奇（John G. Lynch Jr.）提倡一种他称之为“即时教育”的理财教育观念。其做法是，人们做决策要用到的信息即需即给。在高中阶段开设一门教授债务和储蓄管理的基础课其实没什么意义。正如我们在整本书中多次讨论过的，人们不善于记忆细节。从高中到真正面对重大财务决策，他或她很可能早就把复利的威力和分散投资的好处忘得一干二净了。在人们有需求时提供教育，意味着信息是新鲜出炉的，而且人们还有机会趁热打铁在实践中练习他们学到的东西，使所学更有可能被记住。

在此，林奇提供了一个绝好的例子，在这种情形下，即时教育确实大有助益。被解雇是一种可怕的经历，它因致使人们做出糟糕的财务决策而越发恐怖至极。例如，失业经常导致人们从其退休金账户里提现。他们这样做，可能是为了应付失业期间的预计开销，或是转入其他投资账户。问题是，这是一项复杂而多数人知之甚少的决策。从退休金账户中提款而未偿还的话，会导致罚款，还牵涉到复杂的税务问题。更糟糕的是，当人们丢了饭碗时，他们总是从林奇称之为“秃鹫”的理财服务公司找门路，试图把不良资产以高价出售。按照林奇的说法，解决之道是在失业的那一刻进行理财教育，摆出所有选项，并让人们充分了解每一项的利弊得失。

即时教育可被应用在许多复杂的决策上。例如，初为父母者会对新生儿复杂的医疗保健选择应接不暇。本书的作者之一回想起来，就在妻子躺在床上即将临盆之时，他还得考虑储存脐带血的费用。如果你没有孩子（也许你有），你可能根本不知道什么是脐带血，或不明白为什么要把它储存起来。未来的新手父母们将从有关新生儿健康照护的多方面即时教育中获益良多。

启示四：核对你的理解力

上述想法皆乃社会能为个人所做之事。个人能对自身有何助益呢？我们得从意识到自己倾向于当“解释的敌人”开始。把握每个决策当中的所有细节是不切实际的，但它至少能够帮助我们意识到理解力的差距。如果这项决策足够重要，我们不妨先停下来搜集更多的信息，以免做了选择又追悔莫及。

在最后一章中，我们看到真正的理解要求你了解你所未知的。这让你能够在需要时获取帮助、填补空白。它让你脚踏实地，避免受自作聪明的傲慢之心驱使，做出可能抱憾终身的重要决策。了解你对自己的信用度、新房产、未婚夫（妻）和红色小跑车的未知，可以让你从那些不打算从你的糟糕决定中狠捞一笔的专业人士那里获取可靠的良言劝谏。

在金融行业，了解你的未知甚至能让你成为更好的投资者。这是对冲基金桥水投资公司的创始人及首席投资官雷伊·达里奥（Ray Dalio）给出的建议：“我的成功是……取决于我如何对待未知……我如何找到问题可能出在哪里……我乐于见到有人能够同我意见相左……我会从他们的角度来审视和思考，那是对的吗？这是错的吗？这种学习历程使我受益更多，也帮助我做出更好的决策。因此，应对未知比已知某些东西更有价值。”[14]通过了解他的未知，达里奥已经懂得利用知识共同体。该策略的成效已不言自明。桥水公司是目前世界上最大的对冲基金。这条忠告人人都可以用在各种类型的决策上。

结 语
无知不可避免，错觉亦有价值

每当学术界遇到同预设不相符的新理论时，通常会依次出现三种反应：先无视，再抵制，最后又宣布本就是如此。学界面对挑战其主流观点的新想法的第一反应总是不屑一顾：假定它根本不值得费时费力地去考虑一下。如果视而不见的招数不奏效，而迫于社群压力又不得不面对这个新理论，学术界就会想出各种理由来抵制它。学者对其反对理由的辩护可谓出神入化。最后，如果这个理论实在太出色以至无法拒绝，学者始终拗不过社群的压力，他们又会找理由声称自己早就知道了，似乎这一理论本就是显而易见的。

我们也希望你能直接跳到这个结论，这本书中的理念也是不言而喻的。相比于充满未知的大千世界，人们的所知极少，就此而言，个人的愚昧无知难道不是明摆着的吗？显然，世界是复杂的，有太多东西无法了解。更令人稍感讶异的是，我们自认为知道的比实际上的要多，而你对此或许已经略知一二了。毕竟，这再明显不过了，每次你对某个问题胸有成竹的时候，却总是答不上来。思维是行动之延伸，这一理论更是不言自明，鉴于推理所包含的范围如此之广，其本质皆归于因果关系假设，这也没什么好大惊小怪的了。我们生活在知识共同体当中这一事实并非什么前所未有的新概念，每每你向别人请教问题时，事实上，你都是在依靠他人的知识。我们在本书中所讨论的细节和影响当然没那么显而易见，但其主旨同大多数人的想法是吻合的。我们经由整本书阐明了这些概念由来已久，而且个个都合情合理。

为什么要把众所周知之事写成一本书？为何要提出一些我们大家可能早就知道的陈旧观点？

因为，这些想法唯有在你思考它们的时候才是显而易见的。当你不考虑它们时，当你忙于日常琐事而没有意识到它们的存在时，你的想法会截然不同。人们往往生活在理解的错觉当中，我们聚焦在个体身上，比如他们的权力、天资、技能和成就，而忽视了我们是知识共同体中的一员。更糟糕的是，我们所做决策既有或大或小的人生抉择，也包括关于如何建构我们的社会，在这些决策过程中，我们高估自己的知识量又不肯承认其中有多少是拜他人所赐。我们已经看到有关人们怎么选择食物，怎么投资退休储蓄，如何投票选举，支持哪些政治立场，怎样与技术互动，怎么挑选员工，以及如何教育后代的种种案例。仅仅认识到它是显而易见的远远不够，更要用这一理念去审慎地决策，同时考虑个人与整个社会。

本书有三个核心主题：无知、理解的错觉和知识共同体。我们不奢望能从这些讨论中得出简单的启示。这些启示绝不是为了减少无知，让你在群体里过得幸福快乐、如鱼得水，或消除所有错觉。相反，无知是不可避免的，幸福的标准往往因人而异，而错觉亦有其价值。

无知能够避免吗

无知绝非幸事，但它也不必然是痛苦的。对人类而言，无知是不可避免的，这是我们的本来状态。对任何人来说，这世界都有太多的复杂性待理解。无知可能会令人沮丧，但问题并不在于无知本身，而是我们身陷其中却浑然不觉。

戴维·邓宁（David Dunning）是一名心理学家，长期任职于康奈尔大学。他因为日常生活和科学调研中所见到的无知如此之多而震惊不已，他也把这些统统记录在案。[1] 令邓宁担忧的并非人类多么无知，而是无知的人类不知道他们究竟多么无知。他指出，“我们不善于看到自己的未知”。[2]

邓宁说，当问题发生时，唯一的办法就是用你自己的知识来评估你到底了解多少。你车开得怎么样？如果你对驾驶很在行，那么你对自己驾车技能的评价或许还算合理。你对于驾驶技能都包括什么了如指掌，对你自己已经掌握了哪些也有自知之明。但如果你是个“马路杀手”，你不仅技艺不精，连驾驶技术可能包括些什么也一无所知，那么你将高估自己的技术。假设你在城郊开了 20 年的车，如果你几乎没出过什么交通事故，你可能会自诩是个相当不错的好司机，那是因为你没有意识到还有人会在城区开车，还有人在各种天气条件下，在淤泥、冰面甚至沙滩上驾驶车辆。跟这些拥有丰富驾驶经验的人比起来，你的技术可能就相当有限了。专业意味着你具备某些能力，而且还知道这些能力是由什么构成的。无知则说明你两者皆无。

这种配对阐释了邓宁–克鲁格效应（以下简称“达克效应”）[3]，意即表现最差的人也总是最高估自身能力的那一个。这种现象源于一项实验，该实验让一组人完成某项任务，并请他们自评成果如何。表现欠佳者会自吹自擂，表现良好的人又总是妄自菲薄。该效应在心理实验室和现实情境中皆多次得以验证：从学生到职员到医生，无一例外。邓宁搜集的大量证据表明，达克效应之所以发生，是因为缺乏技能者也同时对自己究竟欠缺哪些能力认识不足。因此，他们自我感觉相当不错。而那些具备技能者则更清楚该领域的情况，他们自知哪些技能是有望精进的。

不具备技能等同于不了解他们的未知。而且，据邓宁所言，由于我们对生活中的绝大多数领域都是门外汉，这就显得格外重要了。

> 我们的无知，大体上以未知的方式塑造着我们的生活。简而言之，人们倾向于做他们通晓之事，并在一无所知的领域手足无措。无知用这种方式深深地引导着我们的人生方向……人们难以发挥作为专家、爱人、父母，哪怕只是一个人的潜力，因为他们不知道可能性在哪里。[4]

这是不争的现实。我们无法选择那些不了解的东西。在大多数情况下，这根本不是问题。如果我们不知道迪士尼乐园的存在，也就不会对它念念不忘。只有当诱人的信息具备可行性，才会让我们日思夜想、难以释怀。这就是为什么彩票中奖之后，负担反而比欣喜还多：一旦我们如愿以偿，就再也回不到无知状态了。这是让我们在囊中羞涩时远离那些上瘾之物，比如奢侈品的最佳理由。你知道得越少，欲望也越少，因而也会越发快乐。

但无知也有代价。如果我们不懂得节育，那么也不会采取避孕措施。如果我们对身边的威胁浑然不知，也就不会采取必要的行动加以制止。如果我们不知道自己的孩子正步入险境，不幸也将随之降临。

一个健全的共同体

某些东方哲学提倡信徒接纳自己的无知：接受他们知之甚少，同时对别人的所知怀以敬畏。事实上，在某些传统中，人们被进一步鼓励去感激他人拥有的知识。我们也把这作为认知科学的启示之一。作为个体，我们的所学所想都是有限的，如果想要完成更宏大的事业，我们需要一个共同体。根本上，就我们的思维方式而言，我们都在一起。

智能存在于共同体之中，而非任何个体身上。因此，相较于依赖个体的无知，动员群体智慧所做之决策可能会带来更好的结果。一名强有力的领导者懂得如何激励整个共同体，并充分利用其中的知识，把责任授予那些行家里手。

但是，尽管生活在共同体当中，我们也必须为自己的决定负责。其他人可能会犯错，而共同体有时也会走向极端，产生误导。人们会自欺欺人，而团体也会串通起来欺骗彼此。否则就不会发生那种邪教领袖走火入魔酿成的离奇悲剧了，如 1978 年在圭亚那琼斯镇，吉姆·琼斯（Jim Jones）的人民圣殿教所做的那样。在攻击了国会议员利奥·瑞安（Leo Ryan）的随行人员并将瑞安杀害之后，该邪教教团组织了一场大规模的集体自杀，男女老少共计 909 人，大部分因氰化物中毒而死。所幸，此类事件极其罕见，但无独有偶。戴维·考雷什（David Koresh）所领导的大卫教派于 1993 年同联邦调查局爆发了一场小规模冲突，最终考雷什同其余 79 人丧生大火。而在 1997 年，天堂之门的 39 名成员集体殉教，因为他们坚信这是抵达追随海尔–波普彗星的外星飞船的不二之法。上述所有团体都发展出了疯狂的信念，最终致其自我毁灭。共同体会侵蚀人们的信仰，进而对决策和行为造成危害。

所以，我们并非宣扬笃信集体信仰或某个资深专家的观点。除了信任之外，还必须抱持合理的质疑，并擦亮眼睛辨识出那些谎话连篇的骗子。当你的共同体给出不良建议时，你得自己避免误入歧途。纳粹监狱的看守不能以自己不过是服从命令为借口而免罪，恐怖分子当然也不能以身处某个意识形态之中而为自己辩护。

然而，我们大多数人都可以自由地选择那些能够发挥其所长并避免谬论和谎言的共同体。社会已发展得空前壮大，因为大多数人在绝大部分时间里都是合作共事的。我们试着让自己身处人人贡献其所知的群体中，并在游移不定时相互商讨。我们大体上是成功的。互动者之间基本上总是能够彼此信赖的，这让共同体生活成为可能。

“校准的”和“不准的”

我们生活在一种高估自身理解力的错觉中。我们非得消除这种错觉吗？我们应该永远努力保持尽可能实际的信念和目标吗？这是电影《黑客帝国》(*The Matrix*）中基努·里维斯（Keanu Reeves）扮演的尼奥（Neo）所面临的选择：服下红色药丸并活在现实世界，或者吞下蓝色药丸，继续待在安逸的幻觉里。如果他选了红色药丸，他必须面对一个与机器霸主相伴，充满悲痛的真实世界。如果他选了蓝色药丸，他将回到人类现存的集体幻觉之中。

避开错觉的话，你会更加精准地认识世界。你将对自己的已知和未知都一清二楚，这仅仅有助于实现你的目标。你不会逞强去做一项力所不能及的工作，也不太可能让别人失望。你将会更清楚自己的位置，踏实地履行承诺。

但幻想也是一种乐趣。我们当中的很多人会特意把生命中大量的时间沉浸在幻想里。我们在虚构的世界里自娱自乐，假装一切都是真实存在的。为寻求欢乐而做的白日梦，同时也提高了我们的创造力。错觉通过鼓励我们对另外世界、其他目标和不同结局的想象，从而激发创新性的产品诞生。它们能够激励我们探索未曾涉足之事。这难道不对吗？我们真的应该尽可能地减少错觉吗？

本书的作者之一史蒂文有两个女儿。就让我叫她们 S 和 L 吧。

L 博学多闻。她很清楚自己知道些什么，甚至连自己的未知都一清二楚。由于她对自己已知与未知的比率非常了解，我们就先称她为“校准的”。她的这种校准就像一台被校验过的体重计能如实反映你的体重一样。相反，S 的校准不那么理想。S 也尽力地去学习这一切。她也了解不少东西，但坚信她知道得更多。就像我们大多数人一样，她倾向于生活在理解的错觉里。

L 是一个人见人爱的开心果，她说话时总是自信满满。她能够巨细靡遗地说出她所了解的东西，她知道何时该闭嘴，何时该说“我不知道”。她追求的目标都切实可行，并倾向于尽力达成。她看起来总是泰然自若（虽然没人知道她内心是否也暗潮汹涌）。L 会阅读她感兴趣的东西，也有几项爱好，但她真正关注的还是其专精的领域。

S 也很稳重大方，尽管也许没那么从容自在。她没有什么明显迥异于他人的专长。她会思考那些超越其有限领域之外的东西。她心怀大梦：她想要解决重大的难题，而不只限于她的专长之内，她尽其所能，力图让梦想成真。S 勤奋刻苦，且已有不小的成就。但由于她总是盯着更大的愿景，便常常对结果感到大失所望：现实很少能满足她那遥不可及的梦想。相比于 L，她经历了更多挫折。S 的涉猎也相当广泛并乐于讨论任何东西。无论哪个学科，学习都是她最大的乐趣。她也有数种爱好，总是满怀热忱、兴致勃勃。

哪种角色模型更胜一筹呢，“校准的”L 还是比较“不准的”S？站在一位父亲的角度，答案是显而易见的：她们都是最棒的。而这种评价可能还挺有道理的。生活在理解的错觉当中必定有其隐患。

在这本书中，我们已经解释过错觉何以导致战争、核灾难、党派间的政治僵局、对科学的抵触、公平性的缺失及其他种种不幸。但我们也说明了由错觉引发的一种不可思议的心智特质。知识的错觉乃是知识共同体的产物，它之所以会出现是因为我们模糊了自己与他人的知识边界。从认知的角度讲，之所以会有错觉，是因为我们是一个团队。作为团体的一员，你不必非得经历错觉，但有错觉则表明你确实身处团体之中。

那些活在知识的错觉当中的人对其知识量过于自信了。这也不完全是坏事。一方面，它敞开了一扇大门，让人敢于说大话、干大事。1961 年，约翰·肯尼迪无法预知 10 年后美国宇航员能平安地踏上月球。他因狂妄自大而直接给出的预言只能用幻想来解释。然而，随后令人难以置信的事情发生了：美国真的做到了。若没有约翰·肯尼迪无所顾忌地发表登月计划演说，美国航空航天局可能根本连尝试都不会做。

知识的错觉赋予人们自信去开拓新疆域。伟大的探险家必定坚信他们知道得比实际上更多，才能展开新的冒险征程。这便解释了某些天灾人祸发生的原因，例如罗伯特·斯科特（Robert Scott）的南极冒险之旅注定要功亏一篑，因为他自诩是内行，拒绝使用雪橇犬。他的整支探险队都与他的小马们葬身于南极大陆。但对于伟大成就而言，这种自信也是不可或缺的。那些由马可·波罗（Marco Polo）、克里斯托弗·哥伦布（Christopher Columbus）和瓦斯科·达·伽马（Vasco da Gama）带领的队伍，每一支都是欧洲人对新大陆的首次探索，他们表现出的勇气和刚毅，使其成为永垂青史的英雄。我们均未曾与这些人谋面，但我们猜想他们怀抱着一种唯有在意识不到自己何等无知的情况下才拥有的自信。许多人类的伟大成就皆源于个人理解中的谬见。从这个角度看，错觉在人类文明发展中或有其必要之处。

高估自身理解力的错觉让我们亲自动手修理自行车、电动火车玩具以及搭建门廊（或至少尝试过）。我们着手去做这些事情是因为我们并不了解即将面对的一切。只有当已经把自行车拆得七零八碎，把所有工具都买齐之后，我们才开始期望对将行之事有更多了解。有时候，我们干脆放弃，把车交给维修店，或者找一名木匠师傅，但有时候，我们会坚持一定要自己动手。当选择坚持下去时，我们就不得不将其归功于一开始激励我们这样做的知识错觉。

人际关系也与此类似：如果在相处当中遇到问题，我们自以为了解状况，这激励我们试着去解决问题。通常而言，我们会发现情况远比想象的要复杂，但至少我们正在努力。

错觉可能还算令人愉快，但和无知一样，它并不是完美的。人际关系的另一面是，由于理解上的错觉，我们有时自以为充分了解状况，便放弃修补某些关系。我们在傲慢或恐惧之中把自己封闭起来，拒绝沟通，因为我们坚信这是他人的过失。不可避免地，我们未能充分理解社会动力，我们本就是自身问题的一部分。从更广义的角度讲，这整本书就是知识错觉造就的人类缺点和灾难的大集合。

因此，L 角色模型的优点在于她能做到不出差错。由于明确地知道哪些在其理解范围之内，哪些不归她负责，L 保持着一种从容不迫的确定性。她能够清楚地界定自己的专业范畴，因此也有信心并愿意同他人合作。L 对于别人的贡献乐见其成，也欣赏他们的知识，因为她了解自己的局限所在。

S 也是个好榜样。她对遇到的一切都热情满满，并不断开创新领域，寻求新的概念上的新联系，探索未知的世界（有时真要把她父母惹恼了）。S 喜欢聊天，因为她满脑子都是主意，而且乐于参与到任何话题当中。她倾向于相信自己见多识广，这意味着她可能会争强好胜，也一定被折腾得疲惫不堪。她就是活在那个小小的错觉里。但她的父母也认为，造成这种错觉的原因亦可能让她成就非凡。感谢上苍给了我们一点小小的错觉。

致 谢

本书的一切皆始于弗兰克·凯尔的研究，我们不过是循着他对认知本质的见解一探究竟。自我们的探索伊始，萨宾娜·斯洛曼（Sabina Sloman）便支持我们继续前行，指出我们未见之联系，分享观察结果，发现矛盾之处，并修改文本。琳达·科温顿（Linda Covington）也提供了关键的修改建议，她不止一遍地耐心阅读全书，润色那些平淡无奇的段落，并让我们的主旨思想得以凸显。杰萨米尼·霍普（Jessamyn Hope）和尼克·赖因霍尔茨（Nick Reinholtz）亦对增进本书的可读性有所贡献。前言和第四章开头的插图皆出自萨曼莎·斯坦纳（Samantha Steiner）之手。在此对她的慷慨和才华深表敬意。

本书的灵感是在同克雷格·福克斯、丹尼尔·沃尔特斯（Daniel Walters）及托德·罗杰斯合作的项目中孕育出来的，该项目由人类发展繁荣中心与约翰·邓普顿基金会赞助。此外，本书受到美国福坦莫大学多样化理解项目的捐赠得以付诸出版，该项目的赞助方亦为约翰·邓普顿基金会。

多名同事提供了重要想法与智力支持，他们是：迈克尔·夏纳（Michael Shiner）、纳撒尼尔·拉布（Nathaniel Rabb）、比尔·沃伦（Bill Warren）、马克·约翰逊（Mark Johnson）、乌利尔·科恩–普利瓦（Uriel Cohen-Priva）、安迪·霍维茨（Andy Horwitz）、戴维·奥韦尔（David Over）、帕特里克·马里根（Patrick Mulligan）、理查德·弗洛雷斯（Richard Florest）、苏珊·伍德沃德、阿德里安·沃德、约翰·林奇、皮特·麦格劳（Pete McGraw）、巴特·德·朗格（Bart de Langhe）和唐尼·利希滕斯坦（Donnie Lichtenstein）。

史蒂文还要感谢莉拉·斯洛曼（Leila Sloman）的帮助，感谢她愿意当新概念的试验品。还有史蒂文的父母，瓦莱丽（Valerie）和利昂（Leon）所提供的重要鼓励、意见和住处。

菲尔要感谢支持他的家人：琼（Joan）、乔（Jow）、布鲁斯（Bruce）、乔伊丝（Joyce）、雷切尔（Rachel）、亚历克斯（Alex）以及迅速添丁加口的盖格思（Gagers）与埃德尔斯坦（Edelsteins）的氏族。他希望自己人生中的两座灯塔，安德烈亚（Andrea）和詹姆斯（James）能尽快识字阅读，这样他们就可以指出书中的所有错误了。最重要的还有他的人生伴侣安娜（Anna）。

最后，要感谢经纪人克里斯蒂·弗莱彻（Christy Fletcher）的信任。还有耐心而专业的编辑考特尼·杨（Courtney Young），没有她的话，你是读不到这本书的。

注　释

前　言　无知与知识共同体

1. *Castle Bravo:* A complete recounting of the Castle Bravo accident is provided in C. Hansen, ed. (2007). *The Swords of Armageddon*. Chukelea Publications. Also see B. J. O'Keefe (1983). *Nuclear Hostages*. Boston: Houghton Mifflin.

2. *Hiroshima*: An excellent history of the development of the atomic bomb up to the end of World War II is provided in R. Rhodes (1986). *Making of the Atomic Bomb*. New York: Simon & Schuster.

3. *division of cognitive labor:* P. Kitcher (1990). "The Division of Cognitive Labor." *The Journal of Philosophy* 87(1): 5–22.

第一章　我们知道什么

1. *Slotin*: The story is recounted in M. Zeilig (1995). "Louis Slotin and 'The Invisible Killer.' " *The Beaver* 75(4): 20–27.

2. *Rozenblit and Keil*: L. Rozenblit and F. Keil (2002). "The

Misunderstood Limits of Folk Science: An Illusion of Explanatory Depth." *Cognitive Science* 26(5): 521–562.

3. *Rozenblit and Keil quote:* ibid., 10.

4. *what people know about bicycles:* R. Lawson (2006). "The Science of Cycology: Failures to Understand How Everyday Objects Work." *Memory & Cognition* 34(8), 1667–1675.

5. Can machines think?: A. M. Turing (1950). "Computing Machinery and Intelligence." *Mind* 59: 433–460.

6. *Landauer*: T. K. Landauer (1986). "How Much Do People Remember? Some Estimates of the Quantity of Learned Information in Long-term Memory." *Cognitive Science* 10(4): 477–493.

7. *They learned at approximately the same rate:* For those familiar with information theory, the rate of acquisition Landauer estimated was roughly two bits per second.

8. Jeopardy!*:* A popular American game show that tests participants' ability to quickly answer general knowledge questions.

9. *early days of computer science and cognitive science*: Parallel, distributed computation is becoming the norm in the age of the Internet and powerful graphics engines.

10. *30,000 parts*: www.toyota.co.jp/en/kids/faq/d/01/04.

11. *cancer:* A story told in S. Mukherjee (2010). *The Emperor of All Maladies: A Biography of Cancer.* New York: Scribner.

12. *Weather forecasting*: www.bbc.com/news/business-29256322.

13. *The weather in your location today depends:* www.scholastic.com/teachers/article/weather.

14. *the more likely ones*: These issues are discussed in Nassim Nicholas Taleb (2007), *The Black Swan*. New York: Random House.

15. *Gould quote*: S. J. Gould (1989). *Wonderful Life: The Burgess Shale and the Nature of History*, 1st ed. New York: W. W. Norton, 320–321.

第二章 我们为什么思考

1. *Borges quotes*: J. L. Borges (1964). "Funes the Memorious." *Labyrinths: Selected Stories and Other Writings*. Trans. James E. Irby. Ed. Donald A. Yates and James E. Irby. New York: New Directions, 59–66. Quotes from pp. 63–64. Story originally published in 1942.

2. *AJ*: E. S. Parker, L. Cahill, and J. L. McGaugh (2006). "A Case of Unusual Autobiographical Remembering." *Neurocase* 12(1): 35–49.

3. *1-terabyte*: aimblog.uoregon.edu/2014/07/08/a-terabyte-of-storage-space-how-much-is-too-much.

4. *National Public Radio*: www.npr.org/sections/health-shots/2013/12/18/255285479/when-memories-never-fade-the-past-can-poison-the-present.

5. Paris japonica: J. Pellicer, M. F. Fay, and I. J. Leitch (2010). "The Largest Eukaryotic Genome of Them All?" *Botanical Journal of the Linnean Society* 164(1): 10–15.

6. *Venus flytrap*: A. G. Volkov, T. Adesina, V. S. Markin, and E. Jovanov (2008). "Kinetics and Mechanism of *Dionaea muscipula* Trap Closing." *Plant Physiology* 146(2): 694–702.

7. *jellyfish*: T. Katsuki and R. J. Greenspan (2013). "Jellyfish Nervous Systems." *Current Biology* 23(14): R592–R594.

8. *horseshoe crab numbers*: news.nationalgeographic.com/news/2014/06/140617-horseshoe-crab-mating-delaware-bay-eastern-seaboard.

9. *Hartline*: H. K. Hartline, H. G. Wagner, and F. Ratliff (1956). "Inhibition in the Eye of Limulus." *The Journal of General Physiology* 39(5): 651–673.

10. *Barlow*: R. B. Barlow, L. C. Ireland, and L. Kass (1982). "Vision Has a Role in *Limulus* Mating Behavior." *Nature* 296(5852): 65–66.

11. *Danny DeVito yearbook photo*: i.imgur.com/njXUFGa.jpg.

12. *Face perception*: D. Maurer, R. L. Grand, and C. J. Mondloch (2002). "The Many Faces of Configural Processing." *Trends in Cognitive Sciences* 6(6): 255–260.

13. *Humans can detect*: N. D. Haig (1984). "The Effect of Feature Displacement on Face Recognition." *Perception* 13(5): 505–512.

第三章　我们如何思考

1. *Pavlov's bell*: There's been some dispute about whether he

actually used a bell, a dispute that seems to have been resolved in his favor by R. Thomas (1994). "Pavlov's Dogs 'Dripped Saliva at the Sound of a Bell.' " *Psycoloquy* 5(80).

2. *one of Garcia's studies*: J. Garcia and R. A. Koelling (1966). "Relation of Cue to Consequence in Avoidance Learning." *Psychonomic Science* 4(1): 123–124.

3. Modus ponens *and causal considerations*: D. D. Cummins, T. Lubart, O. Alksnis, and R. Rist (1991). "Conditional Reasoning and Causation." *Memory & Cognition* 19(3): 274–282.

4. *We excel at casual analysis*: An introduction to this literature can be found in B. F. Malle and J. Korman (2013). "Attribution Theory." In ed. D. S. Dunn, *Oxford Bibliographies in Psychology*. New York: Oxford University Press.

5. *Reasoning backward*: See, for example, A. Tversky and D. Kahneman (1978). "Causal Schemata in Judgments Under Uncertainty." *Progress in Social Psychology*. Hillsdale, NJ: Lawrence Erlbaum.

6. *error in predictive reasoning*: P. M. Fernbach, A. Darlow, and S. A. Sloman (2011). "Asymmetries in Predictive and Diagnostic Reasoning." *Journal of Experimental Psychology: General* 140(2): 168–185; P. M. Fernbach, A. Darlow, and S. A. Sloman (2010). "Neglect of Alternative Causes in Predictive but Not Diagnostic Reasoning." *Psychological Science* 21(3): 329–336.

7. *No evidence for diagnostic reasoning in animals*: D. C. Penn, K. J.

Holyoak, and D. J. Povinelli (2008). "Darwin's Mistake: Explaining the Discontinuity Between Human and Nonhuman Minds." *Behavioral and Brain Sciences* 31(2): 109–130.

8. *Crow study*: A. H. Taylor, G. R. Hunt, F. S. Medina, and R. D. Gray (2009). "Do New Caledonian Crows Solve Physical Problems Through Causal Reasoning?" *Proceedings of the Royal Society B: Biological Sciences* 276(1655): 247–254.

9. *Storytelling*: See R. Hastie and N. Pennington (1995). "The Big Picture: Is It a Story?" in *Knowledge and Memory: The Real Story*. Ed. R. S. Wyer Jr. and J. K. Srull. Hillsdale, NJ: Lawrence Erlbaum, 133–138.

10. *Heider and Simmel video*: You can see the film on Youtube: www.youtube.com/watch?v=76p64j3H1Ng.

11. *identities as stories*: A major proponent of this view is Jerome Bruner.

第四章　我们的认知为何会出错

1. *naive understanding of physics*: M. McCloskey (1983). "Intuitive Physics." *Scientific American* 248(4): 122–130.

2. *Andrea diSessa*: A. A. diSessa (1983). "Phenomenology and the Evolution of Intuition." In ed. D. Gentner and A. L. Stevens. *Mental Models*. Hillsdale, NJ: Lawrence Erlbaum.

3. *People understand electricity:* D. Gentner and D. R. Gentner

(1983). “Flowing Waters or Teeming Crowds: Mental Models of Electricity.” In *Mental Models*.

4. *Quote from an experimental participant*: W. Kempton (1986). “Two Theories of Home Heat Control.” *Cognitive Science* 10: 75–90.

5. Thinking, Fast and Slow: D. Kahneman (2011). *Thinking, Fast and Slow*. New York: Farrar, Straus.

6. *associative versus rule-based thinking*: S. A. Sloman (1996). “The Empirical Case for Two Systems of Reasoning.” *Psychological Bulletin* 119(1): 3–22.

7. *System 1 versus System 2*: K. E. Stanovich and R. F. West (2000). “Individual Differences in Reasoning: Implications for the Rationality Debate.” *Behavioral and Brain Sciences* 23(5): 645–726.

8. *Aristotle and Plato quotes*: We thank Tamar Gendler for these quotes.

9. *Frederick refers:* S. Frederick (2005). “Cognitive Reflection and Decision Making.” *Journal of Economic Perspectives* 19(4): 25–42.

10. *They make fewer errors and are less likely to fall for tricks*: K. Stanovich (2011). *Rationality and the Reflective Mind*. New York: Oxford University Press.

11. *Profound versus random words*: G. Pennycook, J. A. Cheyne, N. Barr, D. J. Koehler, and J. A. Fugelsang (2015). “On the Reception and Detection of Pseudo-profound Bullshit.” *Judgment and Decision Making* 10(6): 549–563.

12. *bigger reward*: S. Frederick (2005). "Cognitive Reflection and Decision Making." *Journal of Economic Perspectives* 19(4): 25–42.

13. *Dark versus milk chocolate*: Shane Frederick, personal communication.

14. *Belief in God*: A. Shenhav, D. G. Rand, and J. D. Greene (2012). "Divine Intuition: Cognitive Style Influences Belief in God." *Journal of Experimental Psychology: General* 141(3): 423–428. For a review, see G. Pennycook (2014). "Evidence That Analytic Cognitive Style Influences Religious Belief: Comment On." *Intelligence* 43: 21–26.

15. *CRT predicts illusion of explanatory depth*: P. M. Fernbach, S. A. Sloman, R. St. Louis, and J. N. Shube (2013). "Explanation Fiends and Foes: How Mechanistic Detail Determines Understanding and Preference." *Journal of Consumer Research* 39(5): 1115–1131.

第五章　身体记忆卡和世界存储器

1. *Minsky quote*: *Wired Magazine*, Issue 11:08, August 2003. archive.wired.com/wired/archive/11.08/view.html?pg=3.

2. *GOFAI*: J. Haugeland (1989). *Artificial Intelligence: The Very Idea*. Cambridge, MA: MIT Press.

3. *Frame problem*: For a philosophical analysis, see H. L. Dreyfus (2007). "Why Heideggerian AI Failed and How Fixing It Would Require Making It More Heideggerian." *Philosophical Psychology* 20(2): 247–268.

4. *Rodney Brooks's tic-tac-toe game*: www.bostonmagazine.com/news/article/2014/10/28/rodney-brooks-robotics.

5. *Reading text with an eye tracker*: Reviewed in P. S. Churchland, V. S. Ramachandran, and T. J. Sejnowski (1994). "A Critique of Pure Vision." In ed. C. Koch and J. L. Davis, *Large-Scale Neuronal Theories of the Brain*. Cambridge, MA: MIT Press, 23–60.

6. *"outside memory store"*: J. K. O'Regan (1992). "Solving the 'Real' Mysteries of Visual Perception: The World as an Outside Memory." *Canadian Journal of Psychology/Revue canadienne de psychologie* 46(3): 461–488.

7. *What experimenters were wearing*: E. S. Parker, L. Cahill, and J. L. McGaugh (2006). "A Case of Unusual Autobiographical Remembering." *Neurocase* 12 (1): 35–49.

8. *calculating trajectories*: A strategy like this for catching balls (to solve what vision scientists call the outfielder problem) was proposed by B. V. H. Saxberg (1987). "Projected Free Fall Trajectories. I. Theory and Simulation." *Biological Cybernetics*: 56(2–3): 159–175.

9. *angle is always increasing at a constant rate*: A strategy first suggested by S. Chapman (1968). "Catching a Baseball." *American Journal of Physics* 36(10): 868–870.

10. *players catching real balls*: P. McLeod and Z. Dienes (1993). "Running to Catch the Ball." *Nature* 362(6415): 23; P. McLeod and Z. Dienes (1996). "Do Fielders Know Where to Go to Catch the Ball or

Only How to Get There?" *Journal of Experimental Psychology: Human Perception and Performance* 22(3): 531–543.

11. *chasing virtual balls*: P. W. Fink, P. S. Foo, and W. H. Warren (2009). "Catching Fly Balls in Virtual Reality: A Critical Test of the Outfielder Problem." *Journal of Vision* 9(13): 14.

12. *the side with the faster flow*: A. P. Duchon and W. H. Warren Jr. (2002). "A Visual Equalization Strategy for Locomotor Control: Of Honeybees, Robots, and Humans." *Psychological Science* 13(3): 272–278.

13. *Bees . . . slower optic flow*: M. V. Srinivasan, M. Lehrer, W. H. Kirchner, and S. W. Zhang (1991). "Range Perception Through Apparent Image Speed in Freely Flying Honeybees." *Visual Neuroscience* 6(5): 519–535.

14. *it's in the brain*: We were inspired to ask this question and present the material this way by a talk entitled "Cognitive Ethnography" by Edwin Hutchins at the Cognitive Science Society conference that took place in Boston in 2003. A more recent articulation of Hutchins's views about the relation between cognition, culture, and the environment can be found in E. Hutchins (2014). "The Cultural Ecosystem of Human Cognition." *Philosophical Psychology* 27(1): 34–49.

15. *Experiment to judge orientation*: M. Tucker and R. Ellis (1998). "On the Relations Between Seen Objects and Components of Potential Actions." *Journal of Experimental Psychology: Human Perception and*

Performance 24(3): 830–846.

16. *memorization techniques*: C. L. Scott, R. J. Harris, and A. R. Rothe (2001). "Embodied Cognition Through Improvisation Improves Memory for a Dramatic Monologue." *Discourse Processes* 31(3): 293–305.

17. *embodiment*: These ideas took on prominence due to the work of a number of people, including Lawrence Barsalou and Arthur Glenberg.

18. *Oksapmin people*: G. B. Saxe (1981). "Body Parts as Numerals: A Developmental Analysis of Numeration Among the Oksapmin in Papua New Guinea." *Child Development* 52(1): 306–316.

19. *unified with the objects that we're thinking about and with*: A fuller presentation of these ideas can be found in M. Wilson (2002). "Six Views of Embodied Cognition." *Psychonomic Bulletin & Review* 9(4): 625–636.

20. *somatic markers*: This idea is spelled out in A. R. Damasio (1994). *Descartes' Error: Emotion, Reason and the Human Brain*. New York: G. P. Putnam's.

21. *moral reactions*: This is an idea made popular by J. Haidt (2001). "The Emotional Dog and Its Rational Tail: A Social Intuitionist Approach to Moral Judgment." *Psychological Review* 108(4): 814–834.

第六章 他人的智慧

1. *Speth describes communal bison hunts:* J. D. Speth (1997). "Communal Bison Hunting in Western North America: Background for the Study of Paleolithic Bison Hunting in Europe." *L'Alimentation des Hommes du Paléolitique* 83: 23–57, ERAUL, Liége.

2. *brain mass of modern humans:* S. Shultz, E. Nelson, and R. I. Dunbar (2012). "Hominin Cognitive Evolution: Identifying Patterns and Processes in the Fossil and Archeological Record." *Philosophical Transactions of the Royal Society B: Biological Sciences* 367(1599): 2130–2140.

3. *physically weaker to compensate:* www.nytimes.com/2014/05/28/science/ stronger-brains-weaker-bodies.html?_r=0.

4. *snowball effect:* A. Whiten and D. Erdal (2012). "The Human Socio-Cognitive Niche and Its Evolutionary Origins." *Philosophical Transactions of the Royal Society of London B: Biological Sciences* 367(1599): 2119–2129.

5. *Hunting . . . instrumental to human evolution*: R. Ardrey (1976). *The Hunting Hypothesis: A Personal Conclusion Concerning the Evolutionary Nature of Man*. New York: Atheneum.

6. *Robin Dunbar, social brain hypothesis*: R. I. Dunbar (1992). "Neocortex Size as a Constraint on Group Size in Primates." *Journal of Human Evolution* 22(6): 469–493.

7. *reasoning about intentionality:* For a penetrating analysis of what this kind of reasoning requires, see B. F. Malle and J. Knobe (1997). "The Folk Concept of Intentionality." *Journal of Experimental Social Psychology* 33(2): 101–121.

8. *Tomasello, shared intentionality*: This and the other work on shared intentionality reviewed here are discussed in M. Tomasello and M. Carpenter (2007). "Shared Intentionality." *Developmental Science* 10(1): 121–125.

9. *Tomasello quote*: Ibid., p. 123

10. *not . . . getting smarter:* Though they are doing better and better on intelligence tests. J. R. Flynn (2007). *What Is Intelligence? Beyond the Flynn Effect*. New York: Cambridge University Press.

11. *couples divide cognitive labor*: D. M. Wegner (1987). "Transactive Memory: A Contemporary Analysis of the Group Mind." In ed. B. Mullen and George Goethals, *Theories of Group Behavior*. New York: Springer, 185–208.

12. *more credit than they deserve*: Reviewed in M. R. Leary and D. R. Forsyth (1987). "Attributions of Responsibility for Collective Endeavors." In ed. C. Hendrick, *Review of Personality and Social Psychology*, vol. 8. Newbury Park, CA: Sage, 167–188.

13. *household chores*: M. Ross and F. Sicoly (1979). "Egocentric Biases in Availability and Attribution." *Journal of Personality and Social Psychology* 37(3): 322–336.

14. *glowing rocks study:* Sloman and Rabb. Some of you might be worried that these results just reflect either task demands or judgments about the understandability of the phenomena. Sloman and Rabb controlled for both of these types of alternative explanations.

15. *placeholders*: There is a view in philosophy that claims this is true of certain aspects of language. This "meaning ain't in the head" view is called "essentialism" and was articulated with great insight by Hilary Putnam and a related view by Saul Kripke.

16. *compatibility of communal knowledge:* Frank Keil has done a lot of work on this topic—for example, F. C. Keil and J. Kominsky (2013). "Missing Links in Middle School: Developing Use of Disciplinary Relatedness in Evaluating Internet Search Results." *PloS ONE* 8(6), e67777.

17. *George Bernard Shaw quote*: gutenberg.net.au/ebooks02/0200811h.html.

18. *curse of knowledge*: C. Camerer, G. Loewenstein, and M. Weber (1989). "The Curse of Knowledge in Economic Settings: An Experimental Analysis." *Journal of Political Economy* 97(5): 1232–1254.

19. *shocked that others don't recognize the tune*: C. Heath and D. Heath (2007). *Made to Stick: Why Some Ideas Survive and Others Die*. New York: Random House, 2007.

20. *hindsight bias*: B. Fischhoff and R. Beyth (1975). " 'I Knew

It Would Happen': Remembered Probabilities of Once-Future Things." *Organizational Behavior and Human Performance* 13(1): 1–16.

21. *few people today read* Alice in Wonderland: A fact bemoaned by Anthony Lane in "Go Ask Alice," *The New Yorker*, June 8 and 15, 2015.

第七章　与技术共事

1. *commuting a little less*: www.governing.com/topics/transportation-infrastructure /how-america-stopped-commuting.html.

2. *attendance at movie theaters*: www.slashfilm.com/box-office-attendance-hits-lowest-level-five-years.

3. *Vernor Vinge*: V. Vinge (1993). "The Coming Technological Singularity." *Whole Earth Review*, Winter.

4. *Ray Kurzweil*: R. Kurzweil (2005). *The Singularity Is Near: When Humans Transcend Biology.* New York: Penguin Books.

5. *Nick Bostrom*: N. Bostrom (2014). *Superintelligence: Paths, Dangers, Strategies*. Oxford, UK: Oxford University Press.

6. *Ian Tattersall*: As told to Dan Falk in the online magazine *eon*: http://eon.co/magazine/science/was-human-evolution-inevitable-or-a-matter-of-luck.

7. *extensions of our bodies*: A. Clark (2004). *Natural-Born Cyborgs: Minds, Technologies, and the Future of Human Intelligence.*

New York: Oxford University Press; J. H. Siegle and W. H. Warren (2010). "Distal Attribution and Distance Perception in Sensory Substitution." *Perception* 39(2): 208–223; R. Volcic, C. Fantoni, C. Caudek, J. A. Assad, and F. Domini (2013). "Visuomotor Adaptation Changes Stereoscopic Depth Perception and Tactile Discrimination." *The Journal of Neuroscience* 33(43): 17081–17088.

8. *when we search the Internet*: D. M. Wegner and A. F. Ward (2013). "How Google Is Changing Your Brain." *Scientific American* 309(6): 58–61; and M. Fisher, M. K. Goddu, and F. C. Keil (2015). "Searching for Explanations: How the Internet Inflates Estimates of Internal Knowledge." *Journal of Experimental Psychology: General* 144(3): 674–687. See also A. F. Ward (2013). "Supernormal: How the Internet Is Changing Our Memories and Our Minds." *Psychological Inquiry* 24(4): 341–348.

9. *WebMD*: Adrian F. Ward (May 2015), "Blurred Boundaries: Internet Search, Cognitive Self-Esteem, and Confidence in Decision-Making." Talk presented at the annual meeting of the Association for Psychological Science, New York, New York.

10. *fifty microprocessors each*: auto.howstuffworks.com/under-the-hood/trends-innovations/car-computer.htm.

11. *Elon Musk*: fortune.com/2015/12/21/elon-musk-interview.

12. *compromise overall safety*: S. Greengard (2009). "Making Automation Work." *Communications of the ACM* 52(12): 18–19.

13. *pilots . . . didn't know what to do*: www.popularmechanics.com/technology/aviation/crashes/what-really-happened-aboard-airfrance-447-6611877.

14. *GPS master*: Examples can be found at www.straightdope.com/columns/read/3119/has-anyone-gotten-hurt-or-killed-following-bad-gps-directions.

15. Royal Majesty. The story is described in much greater detail in chapter 8 of A. Degani (2004). *Taming HAL: Designing Interfaces Beyond 2001*. New York: Palgrave Macmillan.

16. *more than on financial incentives*: E. Bonabeau (2009). "Decisions 2.0: The Power of Collective Intelligence." *MIT Sloan Management Review* 50(2): 45–52.

17. *OED . . . is still doing so*: For an engaging history of the OED, see S. Winchester (1998). *The Professor and the Madman: A Tale of Murder, Insanity, and the Making of the Oxford English Dictionary*. New York: HarperCollins.

18. *PK-35*: The story and conclusion come from E. Bonabeau (2009). "Decisions 2.0: The Power of Collective Intelligence." *MIT Sloan Management Review* 50(2): 45–52.

19. *Amazon ratings are not all they're cracked up to be:* B. De Langhe, P. M. Fernbach, and D. R. Lichtenstein (2015). "Navigating by the Stars: Investigating the Actual and Perceived Validity of Online User Ratings." *Journal of Consumer Research* 42: 817–830.

20. The Wisdom of Crowds: F. Galton (1907). *Vox Populi (the Wisdom of Crowds).* First published in *Nature* 75(1949): 450–451. The topic is discussed in detail in J. Surowiecki (2005). *The Wisdom of Crowds*. New York: Doubleday Anchor.

21. *within 1 percent of the ox's true weight of 1,198 pounds*: Despite frequent reports saying otherwise, he did not find that the mean weight was within 1 pound of the ox's true weight. Nor did he find that the average was better than any individual guess.

22. *prediction market*: K. J. Arrow, R. Forsythe, M. Gorham, R. Hahn, R. Hanson, J. O. Ledyard, S. Levmore, et al. (2008). "The Promise of Prediction Markets." *Science* 320(5878): 877–878.

第八章　科学的错觉

1. *a giant sledgehammer*: smithsonianmag.com/history/what-the-luddites-really-fought-against-264412/?all.

2. *increasingly bizarre*: Ibid.

3. *James Inhofe's snowball*: washingtonpost.com/news/the-fix/wp/2015/02/26/jim-inhofes-snowball-has-disproven-climate-change-once-and-for-all.

4. *Inhofe quote*: nytimes.com/2003/08/05/science/politics-reasserts-itself-in-the-debate-over-climate-change-and-its-hazards.html.

5. *cases of measles spiked*: cdc.gov/measles/cases-outbreaks.html.

6. *10 percent of parents*: dailycamera.com/news/ci_19848081.

7. *doctors are not to be trusted*: www.thehealthyhomeeconomist.com/six-reasons-to-say-no-to-vaccination.

8. *increase to about 70 percent*: These results are summarized in the 2014 version of the Science and Engineering Indicators report.

9. *MMR vaccine*: B. Nyhan, J. Reifler, S. Richey, and G. L. Freed (2014). "Effective Messages in Vaccine Promotion: A Randomized Trial." *Pediatrics* 133(4): e835–e842.

10. *Science Mike*: kernelmag.dailydot.com/issue-sections/headline-story/14304/science-mike-mystical-experience-podcast.

11. *Science Mike quote:* mikemchargue.com/blog/2015/1/11/new-podcast-ask- science-mike.

12. *"Earth revolves around the Sun"*: www.techtimes.com/articles/3493/20140216/dumb-101-1-in-4-americans-is-ignorant-that-earth-revolves-around-the-sun.htm.

13. *consume more pharmaceuticals*: V. Ilyuk, L. Block, and D. Faro (2014). "Is It Still Working? Task Difficulty Promotes a Rapid Wear-Off Bias in Judgments of Pharmacological Products." *Journal of Consumer Research* 41(3): 775–793.

14. *AAAS conclusion*: Statement by the AAAS Board of Directors on Labeling of Genetically Modified Foods. American Association for the Advancement of Science, October 20, 2012. www.aaas.org/sites/default/files/AAAS_GM_statement.pdf.

15. *European Commission conclusion*: A Decade of EU-funded GMO Research, 2001–2010. European Commission: Food, Agriculture and Fisheries, Biotechnology. ec.europa.eu/research/biosociety/pdf/a_decade_of_eu-funded_gmo_research.pdf.

16. *Florida orange crop*: http://www.nytimes.com/2013/07/28/science/a-race-to-save-the-orange-by-altering-its-dna.html?pagewanted=all&_r=0.

17. *sunlight cannot get stuck in a window*: Y. Zheng, L. E. Bolton, and J. W. Alba (working paper). "How Things Work: Production Matters in Technology Acceptance."

18. *oversimplification of how the immune system works*: www.health.harvard.edu/staying-healthy/how-to-boost-your-immune-system.

19. *antibodies that target specific infections*: www.biologymad.com/resources/Immunity%20Revision.pdf.

20. *Generalized versus specific immunity*: This idea was inspired by a conversation with Joanna Arch.

21. *global warming in a short video*: www.howglobalwarmingworks.org/.

第九章　政治的错觉

1. *Kaiser Family Foundation*: http://kff.org/health-reform/poll-finding/kaiser-health-tracking-poll-april-2013/.

2. *Ukraine's location*: www.washingtonpost.com/blogs/monkey-cage/wp/2014/04/07/the-less-americans-know-about-ukraines-location-the-more-they-want-u-s-to-intervene.

3. *Oklahoma State University survey*: Food Demand Survey, Oklahoma State Department of Agricultural Economics, 2(9), 2015. www.washingtonpost.com/news/volokh-conspiracy/wp/2015/01/17/over-80-percent-of-americanssupport-mandatory-labels-on-foods-containing-dna.

4. *Clint Eastwood quote*: Interview, *Time*, February 20, 2005.

5. *groupthink:* I. L. Janis (1983). *Groupthink: Psychological Studies of Policy Decisions and Fiascoes*, 2nd ed. Boston: Houghton Mifflin, 349.

6. *Polarization from discussion*: An early paper showing this effect is D. Pruitt (1971). "Choice Shifts in Group Discussion: An Introductory Review." *Journal of Personality and Social Psychology* 20(3): 339–360. A review of the literature can be found in D. J. Isenberg (1986). "Group Polarization: A Critical Review and Meta-Analysis." *Journal of Personality and Social Psychology* 50(6): 1141–1151.

7. *illusion of explanatory depth with political issues*: P. M. Fernbach, T. Rogers, C. Fox, and S. A. Sloman (2013). "Political Extremism Is Supported by an Illusion of Understanding." *Psychological Science* 24(6): 939–946.

8. *Thinking increases extremism*: A. Tesser, L. Martin, and M.

Mendolia (1995). "The Impact of Thought on Attitude Extremity and Attitude-Behavior Consistency." In ed. R. E. Petty and J. A. Krosnick, *Attitude Strength: Antecedents and Consequences*. Mahwah, NJ: Lawrence Erlbaum, 73–92.

9. *intuitions and feelings*: J. Haidt (2001). "The Emotional Dog and Its Rational Tail: A Social Intuitionist Approach to Moral Judgment." *Psychological Review* 108(4): 814–834.

10. *Incest scenario*: Ibid., 814.

11. *Causal analysis versus values*: For a rich discussion of these issues, see J. Greene(2014). *Moral Tribes: Emotion, Reason, and the Gap Between Us and Them*. New York: Penguin Books.

12. *Iranians' attitudes*: M. Dehghani, R. Iliev, S. Sachdeva, S. Atran, J. Ginges, and D. Medin (2009). "Emerging Sacred Values: Iran's Nuclear Program." *Judgment and Decision Making* 4(7): 930–933.

13. *gay marriage*: Changing attitudes on gay marriage, Pew Research Center, July 29, 2015. www.pewforum.org/2015/07/29/graphics-slideshow-changing-attitudes-on-gay-marriage.

14. *material remuneration*: J. Ginges, S. Atran, D. Medin, and K. Shikaki (2007). "Sacred Bounds on Rational Resolution of Violent Political Conflict." *Proceedings of the National Academy of Sciences* 104(18): 7357–7360.

15. *Not more open to new information*: In a 2014 Brown University honors project by Julia Shube.

第十章 聪明新定义

1. *Martin Luthar King Jr.*: As Henry Louis Taylor Jr., professor of urban and regional planning at the University of Buffalo, says, "Everyone knows, even the smallest kid knows about Martin Luther King, can say his most famous moment was that 'I have a dream' speech. No one can go further than one sentence. All we know is that this guy had a dream. We don't know what that dream was." Reported by Deepti Hajela, Associated Press, January 21, 2008.

2. *Popular history*: History is never so simple. See B. Hughes (2011). *The Hemlock Cup: Socrates, Athens, and the Search for the Good Life*. New York: Alfred A. Knopf; and M. Singham (2007). "The Copernican Myths." *Physics Today* 60(12): 48–52.

3. *Copernicus*: D. J. Boorstin (1985). *The Discoverers*. New York: Vintage Books.

4. *Einstein*: G. Holton (1981). "Einstein's Search for the 'Weltbild.' " *Proceedings of the American Philosophical Society* 125(1): 1–15.

5. *documented cases*: D. Lamb and S. M. Easton (1984). *Multiple Discovery: The Pattern of Scientific Progress*. Amersham: Avebury Publishing Company, 70. The authors conclude that "multiple discovery is a normal feature of science."

6. *Scerri*: E. Scerri (2015). "The Discovery of the Periodic Table as a Case of Simultaneous Discovery." *Philosophical Transactions of the*

Royal Society A 373(2097): 20140172.

7. *CRISPR/Cas9*: www.wired.com/2015/10/battle-genome-editing-gets- science-wrong.

8. *fluid versus crystallized intelligence*: R. R. Cattell (1943). "The Measurement of Adult Intelligence." *Psychological Bulletin* 40: 153–193; J. L. Horn (1976). "Human Abilities: A Review of Research and Theory in the Early 1970's." *Annual Review of Psychology* 27(1): 437–485.

9. *three separate skills*: W. Johnson and T. J. Bouchard (2005). "The Structure of Human Intelligence: It Is Verbal, Perceptual, and Image Rotation (VPR), Not Fluid and Crystallized." *Intelligence* 33(4): 393–416.

10. *eight distinct dimensions*: H. Gardner (1999). *Intelligence Reframed: Multiple Intelligences for the 21st Century.* New York: Basic Books.

11. *The basic skill set*: Ed. R. J. Sternberg and S.B. Kaufman (2011). *The Cambridge Handbook of Intelligence*. New York: Cambridge University Press.

12. *objective definition:* They call these operational definitions.

13. *The first modern intelligence test*: M. Alfano, T. Holden, and A. Conway (2017). "Intelligence, Race, and Psychological Testing." *Oxford Handbook of Philosophy and Race.* New York: Oxford University Press.

14. *Charles Spearman*: C. Spearman (1904). " 'General

Intelligence,' Objectively Determined and Measured." *The American Journal of Psychology* 15(2): 201–292. More recent evidence comes from an exhaustive survey by J. B. Carroll (1993). *Human Cognitive Abilities: A Survey of Factor-Analytic Studies*. New York: Cambridge University Press.

15. *best predictors*: I. J. Deary (2001). "Human Intelligence Differences: A Recent History." *Trends in Cognitive Sciences* 5(3): 127–130.

16. *data from 127 studies*: N. R. Kuncel, S. A. Hezlett, and D. S. Ones (2004). "Academic Performance, Career Potential, Creativity, and Job Performance: Can One Construct Predict Them All?" *Journal of Personality and Social Psychology* 86(1): 148–161.

17. *gamblers*: S. J. Ceci and J. K. Liker (1986). "A Day at the Races: A Study of IQ, Expertise, and Cognitive Complexity." *Journal of Experimental Psychology: General* 115(3): 255–266.

18. *Anita Woolley:* A. W. Woolley, C. F. Chabris, A. Pentland, N. Hashmi, and T. W. Malone (2010). "Evidence for a Collective Intelligence Factor in the Performance of Human Groups." *Science* 330(6004): 686–688.

19. *what* c *is measuring*: J. Salminen (2012). "Collective Intelligence in Humans: A Literature Review." arxiv.org/pdf/1204.3401.pdf.

20. *Avin Rabheru:* www.theguardian.com/media-network/media-

network-blog/2014/jun/05/good-ideas-overrated-investor-entrepreneur.

21. *esprit de corps*: www.paulgraham.com/startupmistakes.html.

第十一章　变得更聪明

1. *Brazilian inflation:* www.inf lation.eu/inf lation-rates/brazil/historic-inf lation/cpi-inf lation-brazil.aspx.

2. *administered a series of tests*: G. B. Saxe (1988). "The Mathematics of Child Street Vendors." *Child Development* 59(5): 1415–1425.

3. *Dewey quote:* J. Dewey (1938). *Education and Experience*. New York: Macmillan, 63.

4. *students care about*: A rich discussion can be found in D. Perkins (1995). *Smart Schools: Better Thinking and Learning for Every Child.* New York: The Free Press.

5. *illusion of comprehension:* W. Epstein, A. M. Glenberg, and M. M. Bradley (1984). "Coactivation and Comprehension: Contribution of Text Variables to the Illusion of Knowing." *Memory & Cognition* 12(4): 355–360; A. M. Glenberg, A. C. Wilkinson, and W. Epstein (1982). "The Illusion of Knowing: Failure in the Self-Assessment of Comprehension." *Memory & Cognition* 10(6): 597–602.

6. *inverted text:* P. A. Kolers (1976). "Reading a Year Later." *Journal of Experimental Psychology: Human Learning and Memory*

2(5): 554–565.

7. *Jimi Hendrix:* For many more examples, see www.kissthisguy.com.

8. *John Dewey:* Dewey, *Education and Experience*, 56.

9. *the mistaken belief:* A point made by philosophers Rom Harré and John Hardwig and by education theorists Stephen Norris, David Perkins, and Neil Postman. See, for instance, S. Norris (1995). "Learning to Live with Scientific Expertise: Toward a Theory of Intellectual Communalism for Guiding Science Teaching." *Science Education*, 79(2): 201-217.

10. *Ignorance course:* S. Firestein (2012). *Ignorance*. New York: Oxford University Press.

11. *National Council for the Social Studies: National Curriculum Standards for Social Studies: A Framework for Teaching, Learning and Assessment.* National Council for the Social Studies, 2010.

12. *NRC:* National Research Council (1996). *National Science Education Standards*. Washington, D.C.: National Academies Press; H. A. Schweingruber, R. A. Duschl, and A. W. Shouse, ed. (2007). *Taking Science to School: Learning and Teaching Science in Grades K-8.* Washington, D.C.: National Academies Press.

13. *"nature of science":* B. Alberts (2009). "Redefining Science Education." *Science* 323(5913): 437. In direct support of this complaint, a study looked at the exams and quizzes used in a variety of introductory

biology courses at the college level and concluded "that introductory biology courses emphasize facts more than higher-order thinking." J. L. Momsen, T. M. Long, S. A. Wyse, and D. Ebert-May (2010). "Just the Facts? Introductory Undergraduate Biology Courses Focus on Low-Level Cognitive Skills." *CBE Life Sciences Education* 9(4): 435–440.

14. *a philosophy to teach science*: N. G. Lederman (2007). "Nature of Science: Past, Present, and Future." Ed. S. K. Abell and N. G. Lederman. *Handbook of Research on Science Education*. New York: Routledge, 831–879.

15. *David Perkins:* Perkins, *Smart Schools*, 33.

16. *based on authority:* Philosophers call this epistemic dependence.

17. *1950–2014:* U.S. National Library of Medicine. www.nlm.nih.gov/bsd/authors1.html.

18. *trust ourselves:* This is another point emphasized by Stephen Norris (1995), 211.

19. "*person-solo*": A term used by Perkins, *Smart Schools*, 132, to argue in favor of attending to social learning, to distributed cognition in the classroom.

20. *to figure things out interactively:* This view is argued for by R. Pea (1993). "Practices of Distributed Intelligence and Designs for Education." In ed. G. Salomon, *Distributed Cognitions: Psychological and Educational Considerations*. New York: Cambridge University

Press, 47–87.

21. *Ann Brown quote:* A. L. Brown (1997). “Transforming Schools into Communities of Thinking and Learning About Serious Matters.” *American Psychologist* 52(4): 399–413.

22. *diversity in the classroom:* A. L. Brown and J. C. Campione (1994). “*Guided Discovery in a Community of Learners.*” In ed. Kate McGilly, *Classroom Lessons: Integrating Cognitive Theory and Classroom Practice*. Cambridge, MA: MIT Press, 229–270.

23. “*peer education”:* See, for instance, E. Phelps and W. Damon (1989). “Problem Solving with Equals: Peer Collaboration as a Context for Learning Mathematics and Spatial Concepts.” *Journal of Educational Psychology* 81(4): 639–646.

24. *sharing of attention:* Perkins, *Smart Schools*.

25. *generate explanations:* J. J. Williams and T. Lombrozo (2013). “Explanation and Prior Knowledge Interact to Guide Learning.” *Cognitive Psychology* 66(1): 55–84.

26. *what you need to get a job:* A point made by F. Zakaria (2015). *In Defense of a Liberal Education*. New York: W. W. Norton; and by N. Postman (1995). *The End of Education*. New York: Alfred A. Knopf.

27. “*troll farm*”: A. Chen, “The Agency.” *New York Times Magazine*, June 2, 2015.

第十二章　做更聪明的决策

1. *Craig McKenzie:* C. R. M. McKenzie and M. J. Liersch (2011). "Misunderstanding Savings Growth: Implications for Retirement Savings Behavior." *Journal of Marketing Research* 48: S1–S13.

2. *Jack Soll:* J. B. Soll, R. L. Keeney, and R. P. Larrick (2013). "Consumer Misunderstanding of Credit Card Use, Payments, and Debt: Causes and Solutions." *Journal of Public Policy & Marketing* 32(1): 66–81.

3. *Chase:* www.creditcards.com/credit-card-news/minimum-credit-card-payments-1267.php.

4. *a little explanation:* P. M. Fernbach, S. A. Sloman, R. St. Louis, and J. N. Shube (2013). "Explanation Fiends and Foes: How Mechanistic Detail Determines Understanding and Preference." *Journal of Consumer Research* 39(5): 1115–1131.

5. *skin care:* T. Caulfield (2015). "The Pseudoscience of Beauty Products." *The Atlantic*. www.theatlantic.com/health/archive/2015/05/the-pseudoscience-of-beauty-products/392201/; Z. Liu (2014). "How Cosmetic Companies Get Away with Pseudoscience." *Pacific Standard*. www.psmag.com/nature-and-technology/cosmetic-companies-get-away-pseudoscience-placebo-week-92455.

6. *$2,000 in thirty days:* A. Lusardi, D. J. Schneider, and P. Tufano (2011). *Financially Fragile Households: Evidence and Implications.*

National Bureau of Economic Research Working Paper No. 17072.

7. *enough savings to live on for three years:* D. Rosnick and D. Baker (2014). *The Wealth of Households: An Analysis of the 2013 Survey of Consumer Finances.* Center for Economic and Policy Research. ww.scribd.com/doc/245746907/The-Wealth-of-Households.

8. *educational interventions:* D. Fernandes, J. G. Lynch Jr., and R. G. Netemeyer(2014). "Financial Literacy, Financial Education, and Downstream Financial Behaviors." *Management Science* 60: 1861–1883.

9. *de Soto quote:* H. de Soto (2001). *The Mystery of Capital: Why Capitalism Triumphs in the West and Fails Everywhere Else.* London: Bantam Press, 186.

10. *cafeteria line:* B. Wansink (2007). *Mindless Eating: Why We Eat More Than We Think.* New York: Bantam.

11. *organ donors:* E. J. Johnson and D. G. Goldstein (2003). "Do Defaults Save Lives?" *Science* 302: 1338–1339.

12. *Small business retirement plans*: https://www.dol.gov/ebsa/publications/auto maticenrollment401kplans.html.

13. *simple rules:* R. H. Thaler. "Financial Literacy, Beyond the Classroom." *New York Times*, October 5, 2013.

14. *Ray Dalio quote:* Interview with Fareed Zakaria, April 27, 2015.

结　语　无知不可避免，错觉亦有价值

1. *ignorance documentation:* D. Dunning (2011). "The Dunning-Kruger Effect: On Being Ignorant of One's Own Ignorance." Ed. J. M. Olson and M. P. Zanna, *Advances in Experimental Social Psychology* 44: 247–296.

2. *"We're not very good":* David Dunning in interview with Errol Morris, *New York Times* Opinionator, June 20, 2010.

3. *Dunning-Kruger effect:* J. Kruger and D. Dunning (1999). "Unskilled and Unaware of It: How Difficulties in Recognizing One's Own Incompetence Lead to Inflated Self-Assessments." *Journal of Personality and Social Psychology* 77(6): 1121–1134.

4. *Dunning quote:* David Dunning in interview with Errol Morris, *New York Times* Opinionator, June 20, 2010.